産業界を
生き抜くための

技術力

西田　新一

アグネ技術センター

はじめに

　しばしば言われていることであるが，会社は「技術力」がなければ生き残れない．いや，たとえ技術力があっても，それが中途半端なものであれば生き残ることが難しい時代となっているのは間違いないであろう．言葉を返せば，十分な技術力があって初めて生き残れるということになる．何も無いところから，初めて会社を立ち上げることはかなり難しいが，その会社を大きく成長させて，さらに長年に渡って生き延びさせること，すなわち，会社が継続的に活動を行うことも，ある意味では至難の業ではないだろうか．

　ところで，改まって「技術力」とはなんですか？と聞かれると，「はて？」と答えに窮するのが正直なところではないだろうか．言うまでもなく，技術力は具体的に目に見えるものではないが，会社で生産・販売されている「商品」を通して見ることはできる．それでは，技術力とはどのようなものであろうか．製造業，卸売業，鉱業，建設業，運輸・倉庫業，金融・保険業，不動産業，情報・通信業，サービス業等，会社の業務の種類によって，技術力の中味は異なってくると考えられる．しかし，その底流の本質については，業務の種類に関係なくある共通性があると判断しており，この分野について追究できればと願っている．

　本書は，主に製造業を対象にして，「技術力とは何か」，「技術力の必要性」，「技術力確立のステップ」，「技術力の基盤」等，技術力を構成するいくつかの本質に迫ってみたい．このような主旨から，まず「技術力」とはどういうものを指すのであろうか，ということを考えて，技術力の具体的な姿を表現することを試みた．もともとその対象は，機械や材料に関係する製造業が発端ではあるが，広く上記の諸産業の経営企画，生産技術，品質保証や研究開発部門の技術者および研究者はもちろんのこと，経営者を含むすべての関係者にぜひ一読していただければ幸いである．

目　次

はじめに　　i

1　技術力とは　　2
　1.1　資源と技術　　2
　1.2　技術力が重視されるようになった背景　　4
　　1.2.1　産業構造の変遷　　4
　　1.2.2　会社内部門別重要度の変遷　　5
　1.3　技術力とは？　　7

2　技術力の必要性　　11
　2.1　もし，技術力に欠けるならば　　12
　2.2　他社が真似のできない独自の技術　　13
　2.3　差別化商品　　14
　2.4　技術力と受注量および利益　　15

3　技術力による成功例　　18
　3.1　「顧客の立場に立って」成功した例　　19
　　3.1.1　日本一有名な旭山動物園　　19
　　3.1.2　ユニークな電気製品―ダイソン社　　23
　　3.1.3　人気の共通項　　26
　3.2　技術力によって苦境を乗り越えた会社の例　　27
　　3.2.1　富士フイルム株式会社の場合　　28
　　　3.2.1.1　苦境からの脱出と同業他社の状況　　30
　　　3.2.1.2　今後の展望　　33
　　3.2.2　株式会社安川電機の場合　　35
　　　3.2.2.1　苦境からの脱出　　38

   3.2.2.2　今後の展望　41
 3.3　近い将来に予測される技術革新の例　42
 3.4　苦境を乗り切るために　45

4　技術力確立のステップ　48
 4.1　問題点を抱えていない会社はない　48
 4.2　技術力確立のためのステップ　50
  4.2.1　第Ⅰステップ：技術力確立のための初歩　51
  4.2.2　第Ⅱステップ：技術力確立への実行　55
  4.2.3　第Ⅲステップ：高度な技術力の確立　56
  4.2.4　オープン・イノベーション（Open Innovation）の活用　58
 4.3　問題点と技術力の向上　61

5　技術を支える基盤　64
 5.1　研究と開発および技術の関係　64
 5.2　研究開発の基本　66
 5.3　研究開発の重要性　67
  5.3.1　研究開発は技術力の生みの親　68
  5.3.2　正の循環と負の循環→金は天下の回りもの　69
 5.4　研究開発の効率的やり方　70
  5.4.1　研究開発のプロセス　70
  5.4.2　研究開発の項目　72
 5.5　創造力の発揮　79
  5.5.1　創造力とは　80
  5.5.2　創造力の向上　81
 5.6　優等生と独創性　87
 5.7　社員研修は技術力向上のためのビタミン剤　89

5.8　研究開発と商品との関わり　　90
　　5.9　お客様志向主義　　92
　　5.10　現状で自己満足をするな　　94

6　製品と商品　96
　　6.1　製品と商品　　96
　　6.2　物づくりの原点　　98
　　　　6.2.1　商品の製造　　98
　　　　6.2.2　良い商品の条件　　99
　　6.3　望まれる商品　　101
　　　　6.3.1　研究・開発と商品　　101
　　　　6.3.2　商品トラブルとその対応例　　102
　　　　6.3.3　商品と本業比率　　104
　　6.4　技術力の向上に対する経営者の責任　　105
　　6.5　投資効率　　106
　　　　6.5.1　投資対象　　106
　　　　6.5.2　人材開発　　108
　　6.6　「会社30年説」を覆す　　109

7　会社力を無視するな　111
　　7.1　会社力とは　　111
　　7.2　元気な会社とは？　　114
　　7.3　元気な会社の共通点　　116
　　7.4　わが社は順調にいっている？　　118
　　7.5　大企業病　　120
　　7.6　大企業病を防ぐためには　　123
　　7.7　技術力の確立による取引形態の変更　　124

8 良い会社の条件　126
- 8.1 会社の構成　127
- 8.2 会社の存在価値　128
- 8.3 会社は誰のもの？　130
  - 8.3.1 人材は人財　130
  - 8.3.2 北風と太陽　132
  - 8.3.3 会社は誰のもの　133
- 8.4 会社の使命感　135
- 8.5 経営者が考えるべきこと　137
- 8.6 良い会社の条件　140
- 8.7 ブラック企業とホワイト企業　144
  - 8.7.1 ブラック企業とは　145
  - 8.7.2 ブラック企業出現のいきさつ　146
  - 8.7.3 ホワイト企業　149
- 8.8 技術の海外流失防止対策　150
  - 8.8.1 技術の海外流出はなぜ起こるのか　150
  - 8.8.2 技術の海外流出の防止策→OB（熟年技術者）の活用　153

9 おわりに　155
- 9.1 「夢」を抱くこと　155
- 9.2 自強不息，知行合一　156

質問と回答例　159

索　引　170

産業界を生き抜くための
技術力

1 技術力とは

1.1 資源と技術

　一般的に,国が経済的繁栄を維持していくためには,「資源」と「技術」と,どちらがより重要であろうか.もちろん,両方ともに揃えばそれに越したことはないが,「天は二物を与えず」,との諺にも示されているように,現実的にはどちらかに偏っている場合が少なくない.天然資源に恵まれているといわれているアラブ諸国やブラジルをはじめとする南米諸国等の国々が,決して経済大国とはいえないのに対し,米国はともかく,今では資源大国とはいいにくいドイツやフランス,それに日本などの国々は,経済的にはるかに優位に立っている.これらの事実から言えるように,資源よりも「技術」のほうがはるかに経済的にはインパクトが大きいといえよう.資源の価値を,例えば「1」とした場合,技術によってその価値を「10」あるいは「100」以上に,1桁も2桁以上にも高めることができるからである(図1.1参照).
　まして,わが国では,1990年代以降失われた20年間と評され,とくに経済的な進展がほとんど認められず,国内の需要が低迷し,産業の海外進出が顕著となり国内での空洞化が指摘されていったこと,さらには少子・高齢化に伴い,将来に対する不安感が社会に蔓延している状況のために,多くの人々は「守り」の態勢を取らざるを得なかったのが現状である.このような将来に対する閉塞感・絶望感を打破して,とくに若者達に,将来に対する「夢と希望」を抱いてもらうためには,とりわけわが国の基幹産業とも言うべき製造業に,元気を取り戻してもらうことに尽きるのではないかと考えている.そのためには,より多くの会社が,「技術力」を高めることが不可欠であると考えられる.換言すれば,これまでの経済的な閉塞感を打破するに

は，技術力に頼らざるを得ないことを理解する必要がある（図 1.2 参照）．とくに製造業にとって，技術力抜きにして，その経済的繁栄はおろか，永続的活動すら成り立たないことを肝に銘ずるべきであろう．

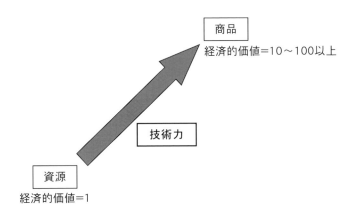

図 1.1　技術力による経済的価値の創出

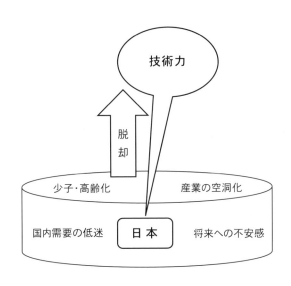

図 1.2　技術力による問題点からの脱却

1.2 技術力が重視されるようになった背景

1.2.1 産業構造の変遷

わが国では，明治維新以後，「富国強兵」を合言葉に，ひたすら欧米先進国から技術の導入政策を取り続けることにより，従来の農業や漁業などの一次産業中心から工業化への転換をはかり，国力ひいては軍事力の増強を推進してきた．

さらに，第二次世界大戦後は，敗戦により一面の焦土と化し，国土がすっかり荒廃してしまっていたにもかかわらず，まずは衣食住の確保が叫ばれ，農業，漁業，林業等の一次産業の復興がなされてきた．続いて，繊維，紙，セメント等の基礎資材産業，さらに鉄鋼，造船，機械，電気，化学等の主要産業の台頭を推進してきた．とくに，後者の場合などは，わが国産業の根幹を成し，今日の経済発展の原動力となっていったので，「基幹産業」と呼ばれ，世界に名だたる諸産業が育っていき，わが国を世界第二の経済大国へと押し上げることに大いに役立ってきた．さらに，自動車，エレクトロニクス，精密機械，情報・通信，エネルギー等の産業が続くことで，日本がとくに経済面で先進国として，世界的に認知され，貢献してきたのは周知のとおりである（図 1.3 参照）．

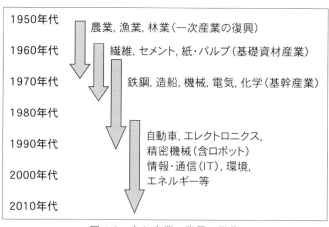

図 1.3　主な産業の発展の推移

このように，狭い耕地面積に，1.2億人を超す人口，天然資源に乏しいわが国が，比較的短期間に驚異的な経済発展を成し遂げることができた理由として，主に以下のような三つの要因を挙げることができよう．
①わが国は，島国であり，ほぼ単一民族から成っているため，国内で根深い民族間の争いや宗教的な対立問題を抱えていない，すなわち国内で深刻な「内部摩擦」が発生していないので，経済発展に向けてのエネルギーロスが少ないこと，
②日本人の有する器用さ・勤勉さ，平均的教育レベルの高さ，働いている会社等への帰属意識の高さ，さらに，日本人は，古来から農耕民族であり，お互いに助け合って共同で作業することに慣れてきていた，というよりもその方がはるかに効率的に行うことができることを長い経験から学んできていたため，農業から工業に転換しても共同作業を行うことには何ら抵抗がなかったこと，
③終身雇用と呼ばれるくらい一つの会社にまさに奉職し，会社への高い忠誠心を抱いている従業員が多く，たとえば地方へ行くと親子三代にわたって同じ会社に勤務している例すら珍しくなく，かかる状況下では技術の伝承・向上が計られやすいこと，
等が大いにプラスに作用してきたのではないかと考えられる．

1.2.2　会社内部門別重要度の変遷

　ところで，上記の基幹産業のある会社について，その会社における各部門の整備充実の過程に注目すると以下のようなことが理解できる．まず，欧米の先進技術の導入を計る必要があることから，それを理解・実行できるだけの能力を持った人材が必要となるので，「良き人材の確保・育成」という観点で「人事部門」の充実からスタートしている．次に，製造した「商品」の販売に重点が置かれ，「販売部門」が，やがて類似商品が現れたり，販売した商品に対するクレームに対処する必要性などから，あるいは製造した商品の品質管理という観点から，「製造・品質管理部門」が，そして，いまや激しい企業競争に打ち勝つために，商品に技術力を持たせる，あるいは他との

内　容	部　門
先進技術の導入・人材の確保	人事
商品の販売	販売, 経理
商品の製造・品質管理	製造・品質管理
技術力 → 商品の差別化	技術開発

図 1.4　会社組織の重要度の変遷

差別化を計る必要が生じてきて,「技術開発」が不可欠となってきた．したがって,「技術開発部門」の充実は，とくに製造業の場合，必須要件となってきている（図 1.4 参照）．とりわけ,戦後わが国では,欧米技術の導入によって,商品を生産・販売する過程において，オリジナルのものよりもさらに品質向上・機能充実を計ることを行い，逆に欧米への商品輸出を実現させて，今日の経済成長を遂げてきたが，かかる従来の方式が事実上期待できなくなった現状では，自らの力で「技術開発」を行い，新しい産業を切り開いていくべき必要性に迫られている．換言すれば，わが国の将来は「技術力」をベースにした「技術開発」によってしか，生き延びる方向はないといっても過言ではない．

　また，会社における技術開発は，これまで「応用研究」に主力が置かれてきたために，欧米諸国から「基礎研究ただ乗り」論が起こり，一時は非難の対象とさえなっていた．これは，一つにはわが国の急激な経済成長が，欧米にとって大いなる脅威すら覚えるような存在になっていたことにも起因していると考えられる．しかし，その後，わが国産業の海外進出により，現地生産比率を高める努力を行ってきたこと，ヨーロッパにおける経済統合（ユーロ），米国における自由貿易範囲の拡大,韓国，中国およびアセアン（ASEAN: Association of Southeast Asian Nations）等のアジア諸国の経済発展により，かかる非難はすっかり影を潜めるようになってきてはいるが，わが国が持続的に経済成長を計っていくためには,「基礎研究」と「応用研究」とのバラ

ンスのとれた研究体制を整え，より積極的に研究開発にも取り組み，ひいてはよりレベルの高い「技術力」を具備するために，努力を重ねていくべきであるのは議論の余地がないと考えられる．

1.3 技術力とは？

これまで，戦後の産業構造の変遷およびそれに伴う「会社」内での組織の重要性の変遷について述べてきたことからわかるように，何もないところからいきなり技術力が重要であるというような結論には至っていない．すなわち，技術力が重視されるようになるには，それ相応の時代的あるいは産業構造的背景が整えられていく必要がある．このような前置きの後に，これから本論について議論していけば，読者から「そのとおり」と賛同していただける確率が高くなるのではないかと考えている．

さて，技術力とはどのようなものであろうか．まず技術とは，「科学を実地に応用して，自然の事物を改変・加工し，人間生活に役立てる技」（広辞苑），と表現されている[1]．従って，「技術力」とは，「同上の技を備えた能力」と解釈できよう．しかし，これだけの表現で，「なるほど，充分に理解できた」と合点のいく人はほとんどいないのではなかろうか．上記の表現のもと，たとえば，A社は技術力があるが，B社は技術力に乏しい，といったような表現で区別できるであろうか．技術力があるとか，ないとかの識別をもっとわかりやすい表現で具体的に表すことができないものであろうか．そこで，筆者は，技術力を以下のように表現することにした．

技術力とは，「ある問題が発生した場合，それを解決するだけでなく，類似の問題に対しても，論理的に対処できる能力，さらにはそこで養成した能力を他にも活用できる力」である．いわば，"Technical transfer" and "Technical improvement"（技術移転および技術向上）の可能な能力である（図1.5参照）．

言うまでもなく，会社活動を継続的に行っていく場合，常に何らかの問題点に遭遇し，それらの問題点を解決することによって，顧客の満足を得て，

技術力とは?

「技術」とは，科学を実地に応用し，自然の事物を改変・加工し，人間生活に利用する技（広辞苑）．

∴技術力：同上の技を備えた能力

このような表現では，たとえば技術力が優れている，技術力が乏しい，といったようなことを真に理解することが困難

「技術力」とは，ある問題が発生したとき，それを解決するだけでなく，同種の問題に対しても，解決するとともに，常によりレベルアップできる能力
→ "Technical transfer（技術移転）" および "Technical improvement（技術向上）" を備えている能力．

図1.5　技術力の定義

収益を確保しなければならないと考えられる．したがって，「商品を生産しこれらを販売する」，すなわち，会社活動を行うことが，問題点との遭遇である．会社活動を行うこと自体が，問題点を作り出すことを必然的に伴うので，これらの問題点を一つ一つ解決していく過程で，ある程度の技術力が養成されるものと考えられる．ここで，ある程度という表現を使用したのは，単に問題点を解決していくだけで，会社の継続的生産活動を行うのに必要にして充分な技術力を養成できているかどうかは疑問だからである．いずれにしても，問題点に遭遇し，これらの問題点を一つ一つキチンと解決することによって，その会社は発展し，生き延びてきたともいえる．

さらに，「わが社は順調に運営されており，何ら問題点は存在しない」と豪語する会社経営者もいないことはない．その場合，本当に問題点は存在しないのであろうか．問題点が，隠されてあるいは隠れていて表に現われていないか，あるいは問題点が存在していても気がついていないだけのことではないだろうか．もし，本当に問題点を持っていない会社が存在する

のであれば，それは成長の止まった会社を意味する．成長の止まった会社は，多くの問題点を抱えているというパラドックス（逆説）に陥ることになる．優れた経営者は，隠れている問題点までをもいち早く顕在化させて，それに対してしかるべき取り組みを行うが，一つの問題点に対処すれば，さらに新しく次の問題点に遭遇するのが常であろう．繰り返すことになるが，「会

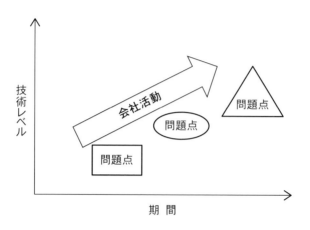

図 1.6　会社活動と問題点

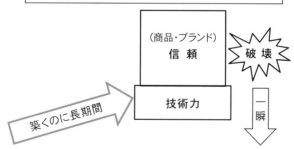

図 1.7　技術力の確立

社活動は問題点との遭遇」であり,それらの問題点を一つ一つ解決することによって,会社は成長し,継続的に運営することができると考えられる(図1.6参照).そして,技術力の確立には,後述のごとく,創意工夫と,実行を伴った努力の繰り返しが必要であること.このようにして築き上げた技術力を基にした「信頼(商品,ブランド)」であっても,それを壊すには一瞬で充分であるといっても過言ではないことを肝に命じていただきたい(図1.7参照).

参考文献
1) 新村出編,広辞苑,岩波書店(昭和45),pp.529.

2　技術力の必要性

　技術力の具体的形態が理解できたところで，技術力がなぜ必要か，ということについて考えてみよう．たとえば，野生動物の世界では，ヒグマの子供は親離れするまでの約2年間，母親について餌のとり方などの「技術」を必死で学ぶといわれている．餌を取る技術を習得できなければ，飢えて後「死」が待っているのみである．生きていくためには，最低限餌を取る技術を身に付けていなければならない．換言すれば，餌を取るための技術を取得した小熊だけが，生き残れる．人間社会でも同様のことが言えよう．

　もし，ある会社において，技術力がなかったならば，どのような運命が待ち構えているのであろうか．たまたま景気の状態が良くて人手不足のために，少々技術力が伴っていなくとも，仕事が舞い込んでくるような時期もあるかもしれないが，そのような甘い状況はいつまでも続くものではない．景気には，必ず波があり，好景気の後には不景気を伴うものである．好景気と不景気とが定期的にきちんとしたサイクルで変動することは少なく，好景気が訪れてから不景気となった時に，次にいつ好景気がやってくるかは予想もつきにくいのが現状である．不景気に陥り，複数の会社が同一の仕事を求めて競争し合った場合，当然その仕事は技術力の高い方に流れる可能性が高いことは否定できないであろう．技術力に劣る会社の場合，どうしたら「仕事を確保」することができるのであろうか．このような会社にとって，値段をウンと安くする以外に生き残れる選択肢はないと考えられる．しかし，値段をウンと安くした場合，一時的には仕事量を確保できるかもしれないが，収益が少なくなり，場合によっては赤字経営に陥ることも覚悟しなければならない．赤字経営のまま，継続的に会社を運営していくことができないことは自明の

理であろう．

2.1　もし，技術力に欠けるならば

　もし，技術力に欠けていたならば，代わりはいくらでもいるので，結局は「値段が勝負」ということになる．すなわち，他所の会社よりも「安い値段」で仕事を受注することになる．その値段でも会社運営がなんとかやっていけるのであれば，当面は凌ぐことができよう．しかし，さらに，景気が悪くなって仕事量が減った場合，以前よりも「より安い値段」で仕事を受注しなければならなくなる状況も発生する．そうなると，従業員の給料を下げるか，あるいは赤字覚悟でとにかく仕事量だけでも確保しなければということになるかもしれない．従業員の給料を下げると，彼らは辞めていくか，あるいは働くモチベーションが低下するので，請けてきた仕事量をこなすことに支障が生ずる恐れもある．結局，忙しく働いてはいても，会社はさっぱり利益を上げることができない．それどころか，働けど働けど赤字の積み重ねという最悪の事態を招き，いわゆる「自転車操業」に陥りかねない．その間に，もし技術力のある競合他社が，より安い値段でも充分に経営していけるだけの新

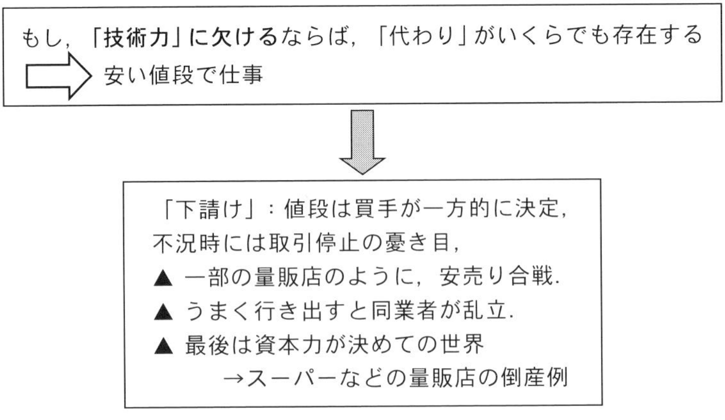

```
┌─────────────────────────────────────────────────────┐
│ もし，「技術力」に欠けるならば，「代わり」がいくらでも存在する │
│  ⇨  安い値段で仕事                                    │
└─────────────────────────────────────────────────────┘
                         ⬇
        ┌─────────────────────────────────────┐
        │「下請け」：値段は買手が一方的に決定，   │
        │ 不況時には取引停止の憂き目，          │
        │ ▲ 一部の量販店のように，安売り合戦．  │
        │ ▲ うまく行き出すと同業者が乱立．     │
        │ ▲ 最後は資本力が決めての世界         │
        │    →スーパーなどの量販店の倒産例      │
        └─────────────────────────────────────┘
```

図 2.1　技術力に欠けるならば

しい製造方法を確立した場合，今まで受注していた仕事がその技術力のある会社に取られてしまうことになり，これまで赤字覚悟で請負ってきていた努力がすべて無駄になり，結局「技術力」がなければ最悪の場合，倒産の憂き目となってしまうことは想像に難くないであろう（図 2.1 参照）．

いうまでもなく，会社経営は慈善事業ではない．より大きな利益を確保するために，あるいは少なくとも会社存続のために，従来の付き合いを絶って，新規の会社と連係する，というのはよくあることである．ともかく，少なくとも競合他社が真似できにくいような特有の技術力がなければ，今まで継続的に注文をくれていた会社も，突然に取引きを中止してくることも十分にあり得る．すなわち，もしその会社に特有の技術力がなければ，「値段の安さ」で発注元から仕事を請け負っていても，他により安い値段で引き受けてくれる会社が見つかった場合，これまでの注文はそのより安い値段の会社に流れてしまうことも考えられる．このような場合，今までと同じように仕事量を確保するためには，以前よりもずっと安い値段で仕事を引き受けるしか，生き残る道は残されていない．こうしたことを繰り返した場合，たとえ仕事量はある程度確保できても，会社の経営は一向に安定しないどころか，いつ倒産してもおかしくはない状態に陥ることも覚悟しなければならない．

2.2 他社が真似のできない独自の技術

比較的小規模でありながら，景気・不景気にもほとんど左右されずに，外見的には悠々たる経営を行っている会社がある[1,2]．しかも，取引先には，超有名な大手会社も含まれる．ときには，外国からも注文が舞い込むほどである．このような会社がどのような産業分野にも必ず存在する．よくよく伺ってみると，その会社は他社が真似のできないような「独自の技術」を持っているために，取引先が多く，かつその会社自身は，外見上どこにでも見られるような中小規模の会社の一つに過ぎないように見えるにもかかわらず，一流会社が取引先として名を連ねているとのこと．他社が真似のできないような「独自の技術」を保有しているからこそ，値段の競争の圏外で営業活動も

```
           独自の技術力  ⇒  特色のある商品
                 ↑
        「研究開発力」が企業の将来を左右
        資本力の乏しい中小企業こそ
               「研究開発力」を具備すべき
                  （生き残るための最善の武器）
        →「技術力」のない会社は，
            「下請け」か「安売り（価格）競争」に！
```

図 2.2　技術力と研究開発

できるし，取引先も信頼できる会社ばかりなので，不渡りを掴まされるような恐れも少なく，銀行からの融資も心配する必要がない．すなわち，外見的には会社経営者は，悠々たる経営を行っているように見える．

　ところで，他社が真似のできない独自の技術の確立，と一口にいうけれども，このようなことが一朝一夕に確立できるのであれば，どこの会社も「他社が真似のできない独自の技術」を身につけてしまうので，会社間の値段の競争，技術的競争等もなくなってしまうことになるが，実際にはそのようなことは起こらない．なるほど，現在，確かに他社が真似のできない独自の技術力を確保しているかもしれないが，いつなんどき，現在の技術を上回る，あるいは現在の技術を必要としない新しい技術が開発されるかもしれない，と実は戦々恐々として，常に次の新しい技術の開発に向かって挑戦を続けているのがその会社の真の内情であろう．そのような外には見えにくい着実な努力を過去に積み重ねてきたからこそ，現在の「他社が真似のできない独自の技術力」があると評価されるようになっている（図 2.2 参照）．

2.3　差別化商品

　前節で述べた「他社が真似のできない独自の技術」を基にして開発したの

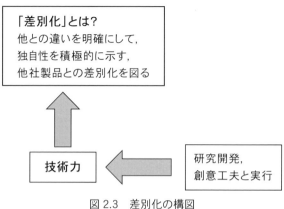

図 2.3 差別化の構図

が,「差別化商品」である.すなわち,差別化とは,他との違いを明確にして,独自性を積極的に示すことであり,そのような特性を備えた商品が「差別化商品」である.差別化商品であるから,値段についても他社類似製品をそれほど考慮する必要はないし,充分な利益率を見込んだ値段設定も可能となる.何よりも,差別化商品の販売に携わる者は,この商品に携われることに「誇り」を持つことができるし,精神的にも余裕を持って,仕事に打ち込むことができる(図 2.3 参照).

このような差別化商品の開発は,長年にわたって取り組んできた「研究開発」または「創意工夫と実行」のもとに,技術力を向上させてきた証のひとつであろう.高い富士山も広い裾野が存在しているから成り立っているように,市場での評価が高い差別化商品も長年の工夫と努力の蓄積のもとに培ってきた幅広い技術力で支えているからこそ開発できるのである.

2.4　技術力と受注量および利益

図 2.4 に,技術力と受注量および利益との関係を示す.図 2.4 (a) は,技術力と受注量との関係を,また同図 (b) は,技術力と利益との関係を示す.いずれも,技術力が備わっていれば,それに伴って受注量も増加するという

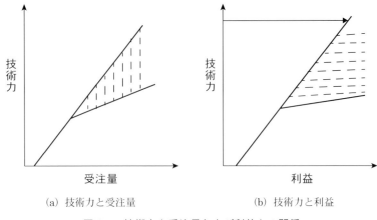

(a) 技術力と受注量　　　　(b) 技術力と利益

図 2.4　技術力と受注量および利益との関係

考え方である．さらに，受注量が増えることによって，利益も増加するという理想的な関係である．技術力と受注量とはほぼ比例の関係があるが，途中から受注量が大幅に増加する領域が示されているのは，他社の追随を許さないだけの高度な技術力を備えていると認められた場合，すなわち競合他社が存在しないために，受注量をほぼ独占できるからである．それに伴って，利益も大幅に増加することも容易に理解できるであろう．市場をほぼ独占できる場合，値段を安くする必要がないので，利益も大幅に増加することが考えられる．しかし，これらの図は，理想を描いているのであって，現実には，いろいろな制約条件が存在してくるために，このような図式通りにはいかないことも少なくない．いずれにしても，会社として継続的に運営していくためには，ある程度の技術力を備えていることが必須であり，要求される技術力のレベルも変化しているので，常に技術力の向上に努めなければならないことが理解できるであろう．

　図 2.5 に，量から質への転換の推移を示す．たとえば，お腹が空いて困っている状況に置かれた場合，とにかくまずは何でもいいから空腹を満たしたい，と欲するだろう．しかし，いったん空腹が満たされると，次には美味しい物を食べたい，と考えるように，「量から質への転換」が社会のニーズと

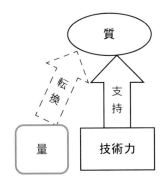

「量」から「質」に
安かろう,(品質的に)悪かろう:
量的にある程度行き渡ると,人間は,
本質的により高品質なものを求めた
がる.
∴量を追求した場合,「限界」にぶち
当たる→質には「限界」が存在しにくい.

図2.5 量から質への転換

して存在する.量的にある程度行き渡ると,人間は本質的により高品質な物を求めたがる.それゆえ,量を追求した場合には,「限界」にぶち当たりやすいが,質の場合「限界」が存在しにくい.しかし,質の向上を達成するためには,技術力が不可欠であることに気付かなければならない.現在は,あらゆる種類の品物がある程度行き渡っており,すなわち量的には,限界に直面していると言われている.量から質への転換については,すでにいろいろな分野で指摘されており,このような意味でも技術力の必要性・重要性が今ほど高くなっている時代はこれまでなかったのではないかと考えている.

3 技術力による成功例

　技術力が欠けているか，あるいは技術力の重要さを軽視したため問題点が発生して，その後始末のために多大な費用がかさんだり，あるいは社会的使命を終えてその存在が消えてしまった会社の例は少なくはない．それゆえ，そのような例を挙げるのはそれほど困難ではないが，それらの会社の関係者にとっては，たとえそれが事実であっても，不愉快に感じるような内容となるであろう．

　それよりも，成功している例を挙げた方が，関係者にとっても誇らしいことであるし，不幸にも現在沈んでいる会社の関係者の場合，そのような成功例で刺激を受けて，「なるほど，このようにやれば成功するかも知れない」とのヒントを掴むきっかけとなるかもしれない．言うまでもなく，会社は商品やサービスを提供することにより，適正な利潤を得て，社会的に存在が認知される．わが国には，会社規模は小さいけれども，日本中から，場合によっては外国からも顧客が追いかけてくるような会社も珍しくはない[1,2]．本書は，そのような会社にスポットを当てることを主目的にしているわけではないので，もしそのような分野に興味を抱かれるのであれば，章末の文献等を参照していただきたい．

　この章でとりあげる成功例は，製造業が多いが，その基本的な考え方は，どの分野でも適用できると判断している．したがって，身近でわかりやすい例として，はじめに敢えてサービス業における成功例を紹介したい．

3.1 「顧客の立場に立って」成功した例
3.1.1 日本一有名な旭山動物園

周知のとおり，北海道，旭川市にある旭山動物園の例である．この動物園については，しばしばマスメディアなどで取り上げられているので，ご存知の方も多いと思われる．いまや，全国に86か所といわれている動物園の中で，「日本一有名な動物園」となっており，年間350万人以上もの入園者が訪れていると聞いている．ほとんどの動物園が経営難といわれている中で，どうしてこの動物園が盛況なのであろうか．

特別珍しい動物がいるのか
→（答）いるとはいえない．

北海道旭川市　旭山動物園
　特別珍しい動物 → いない
　地の利 → ない（JR旭川駅から
　　　　　10km以上の距離，最北端
　　　　　の動物園）
　園の広さ → それほど広くない
　　　　　（1周約1.5 km）
　園や職員表彰受賞：30以上
　日本の動物園の数：86箇所
　日本一人気の高い動物園

図3.1　旭山動物園の特徴[3]

3　技術力による成功例

多くの入園者が訪れるだけの地の利に恵まれているのか
　　→（答）地の利に恵まれていない．JR 旭川駅から約 10 km 以上離れており，わが国最北端の動物園．
園の広さが広大であるのか
　　→（答）それほど広いとはいえない，1 周約 1.5 km 程度．

地理的・物理的条件から判断する限り，旭山動物園は「日本一有名な動物園」となるような条件を何ら備えているようには思われない．

種々の条件において，決して恵まれているとは思えないような動物園であるにもかかわらず，園や職員の表彰受賞が 30 以上，という驚くべき成果を挙げている（図 3.1 参照）．

図 3.2 に示すように，平日の雨の日の午前中にもかかわらず，入場者が列を作っており，大型バスが数十台は駐車できる駐車場も，午前中でほぼ満車の状態である．したがって，園内のメイン道路は，入場者で行列状態となっている（図 3.3 参照）．このような盛況状態は自然に作り出されたものではないことは容易に想定できよう．

図 3.4 は，北極熊の園舎である．通常，入園者はある程度の距離を保って，これらの動物を眺めることになるが，ここの園舎では，北極熊の園舎の下に別の入口があり，透明なプラスチック製のドームから，身近に北極熊の生態を観察することができる．この場合，北極熊にとっても，人間から観察されることで，ストレスが生じにくいような工夫がなされているようである．

図 3.2　旭山動物園の入口付近．平日の雨の日の午前中にもかかわらず，入場者が殺到．

図 3.3　園内メイン道路．園内のメイン道路は人の行列．

図 3.5 は，人気者のレッサーパンダの園舎である．この場合，あいにく当のレッサーパンダは吊橋の上で寝ていたために，せっかくの動物園側の工夫が生かされてはいなかったが，起きて元気に動き回っていれば，吊橋上でもレッサーパンダを見かけることができて，入園者にとって一段と面白さが増加することになると考えられる．

図 3.4　北極熊園の工夫．矢印のドームから観光客が眺めている．

図 3.5　レッサーパンダ園の工夫

図 3.6 狼の森園の工夫．アクリル樹脂製ドームの内側には観光客．

　図 3.6 は，確かカナダから輸入した狼の園舎である．ここでも，一工夫なされており，透明なプラスチックス製の，北極熊の園舎のものよりもかなり大きなドームが設置されている．入園者は，地下の通路からこのドームの下に入り，狼を身近に観察することができる．ここで，注目すべきは，プラスチックス製のドームの大きさと形状である．狼の園舎の方が大きくてかまぼこ型となっている．想像ではあるが，狼の方が体形が小さいために，観客から見えにくいのと，狼の動きが早いために，プラスチックス製のドームの大きさに工夫を凝らしたのではないかと考えられる．

　さらに，写真には示されてはいないが，主な動物の園舎にはきびきびとした感じの係員を配置しており，入館者からの質問・疑問等を受けた場合，満足の行くように親切に回答するような体制も整えている．また，動物園の主役を夏と冬とで入れ替えており，そのための準備期間も取って，キチンとした体制を整備していることなどもあり，本動物園は，観光コースにも組み入れられており，訪れた観光客や多くのリピーターで支えられていると想像される．

　旭山動物園，日本一の盛況の秘密の一端は，表 3.1 に示すように，お客さんの目線に立った動物園運営を行っていることであろう．動物園に来たお客

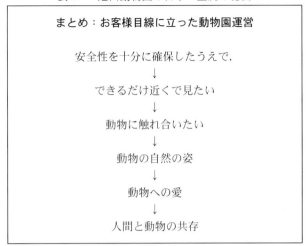

表 3.1　旭山動物園の日本一盛況の秘密

さんは，米粒ほどの大きさの動物を見たいとは思わないはずである．できるだけ近くで，しかも肉眼で動物を見たい，動物と触れ合いたい，動物の自然に近い姿を観察したい，動物の示す素朴さを感じ取りたい，等観客の願いをこの旭山動物園は，ほとんどすべてを満足できるように整えているのである．このようなことは，創意工夫と実行さえ伴っていれば，実現するのはそれほど難しくはないと考えられる．感心させられるのは，それを最初に思いついて，実行したことである．お客さんの立場に立った動物園運営，これはサービス業の原点ではなかろうか．原点に立って考えて，それを実行に移した，それが旭山動物園を日本一有名にした「秘訣」ではなかろうか．これも，立派な「技術力の一種」であると考えられる．

3.1.2　ユニークな電気製品―ダイソン社

次に，「製造業」におけるユニークな例を紹介しよう．それは，サイクロン掃除機や羽根のない扇風機で，市場をあっといわせ，消費者意識に革命を起した英国の会社である（表 3.2 参照）．その名はダイソン・リミッテッド（いわゆるダイソン社）で，チーフ・エンジニアであるジェームズ・ダイソン氏

表 3.2　英国，ダイソン社の概略紹介 [4, 6)]

◇サイクロン掃除機や羽根のない扇風機などで，「消費者意識に革命」を起こした．
　1984 年　紙パック不要のサイクロン搭載掃除機「G フォース」を発売
　1993 年　英国でダイソン社設立
　2009 年　エア・マルチ・プライアー（ダイソン・Air・Multiplier™・テーブルファン）を販売
　2015 年　掃除機が家電部門賞受賞
◇チーフ・エンジニア，ジェームズ・ダイソン（Sir James Dyson）氏の弁によると，
　「消費者は，何を望んでいるか」など，わからない．大事なのは，われわれ自身が，現に生活の中でさまざまなうまく行かないことに対して"怒り"を持つこと．そして，それを解決するのが製品開発の原動力だ．
　たとえば，デジタル・モーターもフラストレーションによって生まれたものだ．
　∵従来の家庭用電気モーターは，大きいうえに，回転する整流子にカーボン・ブラシを接触させるという構造上，熱とカーボン・ダストという有害な微粒子が出る．
　そこで，マイクロ・プロセッサによって電磁界の極を切り替え，カーボン・ブラシを必要としないデジタル・モーターを開発した．これにより，従来よりもモーターの回転数は 3.5 倍に，効率は 87％向上した．開発には，100 人のエンジニアが関わり，10 年間で 125 億円もの金をかけた．さらに 21 億円かけた全自動の生産ラインで作っている．
　　　　　　　（「週刊ダイヤモンド」2012 年 9 月 12 日号による）

は以下のように語っている[4)]．

　「消費者は，何を望んでいるか」などわかるものではない．まだ見ぬ何に興奮するか，それを消費者自身に質問しても意味がない．消費者に「あなたが必要としているものを発明して下さい」というのと同じである．大事なのは，われわれ自身が普段の生活の中で「怒りを持つこと」さまざまなうまく行かないことに対して怒りを持つこと．そして，それを解決するのが製品開発の原動力だ．デジタル・モーターもフラストレーションによって生れたものだ．従来の家庭用電気モーターは大きい上に，回転する整流子にカーボン・ブラシを接触させるという構造上，熱とカーボン・ダストという有害な微粒

図 3.7　ダイソン社製掃除機（Dyson Ball Fluffy）の外観[5]．
特長：デジタルモーター V4（毎分最大 110,000 回転）搭載．2 層に配列された 22 個のサイクロンが生み出す強力な遠心力でゴミを分離するため，高い吸引力が変わらない．微細なゴミまで捕捉する．さまざまな床面からより多くのゴミを取り除ける等．

図 3.8　ダイソン社製空気清浄機能付ファンヒーター（Dyson Pure Hot + Cool Link）の外観[5]．
吸い込んだ空気は高密度フィルターを通り，上部開口部から周囲の空気を巻き込み増幅させた後送り出される．ヒーター機能と扇風機機能を兼ね備え，露出した羽根や発熱体がないため，幼児のいる家庭でも安心して使用．コンパクトな本体は手軽に持ち運びができる．

子が出る．そこで，マイクロ・プロセッサによって，電磁界の極を切り替え，カーボン・ブラシを必要としないデジタル・モーターを開発した．これにより，従来よりも，モーターの回転数は 3.5 倍に，効率は 87％ 向上した．

　図 3.7 にダイソン社製掃除機の外観を示す．ここで，筆者は「怒りをもつこと」の意味を，「現状に満足しないことが大事」である，という風に解釈した．すなわち，従来の製品に対して，消費者の立場に立って問題点を見つけ，それらをなんとかできないか，といろいろと工夫することによって新製品を開発することができた，とダイソン氏は主張している．

　さらに，もう一つの極めてユニークな商品を紹介したい．それは，ダイソン社製のエア・マルチ・プライアーである（図 3.8 参照）．これは，いわゆる扇風機の一種であるが，回転翼がないので，「扇風機」という表現は相応しくないかもしれない．周囲の空気を巻き込むことで，吸い込んだ空気の 15 倍の風量を送り出すことができ，羽根を用いる扇風機に比べて，ムラの

無いスムーズな風を送ることができる．冬期であれば，空間全体に暖気を送風することもできる．従来の常識を打破するような極めて特色のある外観および機能性等からもわかるように，露出した羽根や発熱体がないので，幼児のいる家庭でも安心して使用でき，軽い本体は手軽に移動させることができる．安全・安心して使用でき，何よりも利用者の立場に立った設計を心掛けてきたことが，多くの使用者の心を掴んだのではなかろうか．

　上記に加えて，最近ダイソン社からまたユニークな製品が発売された[5]．それは，ハンド・ドライヤーである．従来の市販のものと，どこが異なるのであろうか．ハンド・ドライヤーと銘打ってはいるが，正確には強力な風の力で手に付着した水滴を吹き飛ばすようなメカニズムとなっている．たとえば，洗った手をこのドライヤーにかざすと，自動的に強力な風が吹き出してきて，従来品よりも短時間で濡れた手を乾かすことができるとのうたい文句となっている．この装置にはそれだけではない，もう一つの特徴がある．それは，ハンド・ドライヤーは一般的にトイレの片隅に設置されているが，その「汚れた空気」を直接手に吹き付けるのではなくて，空気の吸い込み口にはフィルターが組み込まれており，クリーンな空気でもって，手を乾燥させるシステムとなっている．このように，フィルターを組み込んでいると，掃出し口の空気の力は弱くなるが，それを解決しているのが，小型で強力なパワーの出るダイソン社が開発したデジタル・モーターである．

　上記の三つの製品の共通項は，小型で強力なモーター（空調家電はDCモーター）が採用されていることである．

3.1.3　人気の共通項

　上記の二つの例は，サービス業と製造業とに分かれるが，奇しくも共通点が存在する．それは，どちらも「お客さんの立場に立って」運営が行われていることである．かつて，わが国のある大物歌手が「お客様は神様である」といって，一世を風靡したことがあった．当時は，そこまでお客におもねる必要がないのではないか，というような雰囲気もなかったわけではないが，歌手にとって歌を聞いて応援してくれる「お客さん」がいてこそ，歌い続け

ることができるので，これもお客さん目線に立った発言であることが理解できる．上記の例などは，それぞれ若干，ニュアンスが異なる点もあるかもしれないが，おおむね同じ主旨がここでも貫かれている．

3.2　技術力によって苦境を乗り越えた会社の例

　これまで，長年にわたって製造・販売してきた商品がだんだんと売れなくなってきた場合，大別すれば二種類の理由が存在していると考えられる．すなわち，いわゆる販売不振につながる二つの理由として，その一つは，「技術革新」によって，従来商品に代わる画期的な新しい商品が発明されたために，従来商品が売れなくなってしまう場合である．他の一つは，「産業構造の変革」により，従来型の商品が量的に伸び悩んだり，あるいは需要が低下することに繋がった場合であろう．前者の場合，現象は顕在的であるために，比較的短期間に対処できることがあるが，後者の場合は，前者に比較して，やや目に見えにくい側面がある（潜在的）と考えられ，徐々に販売不振という形で現れる場合が多いので，気が付いた時には経営的に厳しい状況に追い込まれてしまうと考えられる．

　いずれにしても，従来の延長上で，新商品の開発・販売を継続していたのでは，いずれ行き詰まって，整理・縮小，あげくの果てに倒産という憂き目に会わないとも限らない．このような時こそ，経営陣の力量が問われるのではあるが，いくら経営陣が優秀であっても，その会社にうまく方向転換に成功するだけの「技術力が存在」していなければ生き抜くことができないのは，「自明の理」であろう．

　これから紹介する二つの事例は，これまで培ってきていた技術力をうまく活用することによって，苦境を脱することができただけでなく，新しい産業分野を自力で切り開くことに成功し，従来以上の売り上げ達成につなげることができている．その一つは，周知のように，フィルムカメラからデジタルカメラへの技術革新が行われ，写真フィルム事業の危機に直面した富士フイルム株式会社の事例である．

他の一つは，戦後長くわが国の経済の根幹を支えてきたため，「基幹産業」と呼ばれてきた，いわゆる「重厚長大」産業から「軽薄短小」産業の時代へと，産業構造の変革の影響を受けて，従来のモーターやインバーター等の事業を大幅に再検討しなければならない状況に追い込まれ，種々の厚生施設や資産の売却，さらには大幅なリストラまで実施せざるを得なかった苦境の時代を経験し，これまでの技術を産業用ロボット事業の分野にうまく転活用することにより，そこから見事に脱却に成功し，少なくともこの分野では世界シェアで第4位の実績を確保している事業にまで成長させてきている株式会社安川電機の事例を紹介する．

3.2.1　富士フイルム株式会社の場合

　写真フィルム製造の国産化工業化計画に基づき，富士フイルム株式会社[注1)]は，1934年1月に設立され，大日本セルロイド㈱の写真フィルム部の事業を分離継承して，同2月，足柄工場の操業を開始し，写真フィルム，印画紙，乾板などの写真感光材料の製造を開始している．その後，小田原工場を新設し，写真感光材料の硝酸銀，色素などの高感度化製品部門ならびに光学ガラス，写真機などの精密光学機器・材料部門の充実を計りつつ発展を遂げて，コニカ（現コニカミノルタホールディングス）とともに，わが国を代表する写真フィルム事業のメーカーとなってきた．とくに，高度成長期にかけて，外国人が日本人に抱くイメージとして，眼鏡をかけていて，カメラをぶら下げている「東洋人」を思い描くらしいことからわかるように，一家に1台カメラの時代から，一人1台のカメラの時代となり，カメラ好きの日本人のお蔭で，富士フイルム株式会社は右肩上がりに成長を遂げてきていた．

　ところが，20世紀末から21世紀初頭にかけて，カメラの技術革命時代に突入した．「フィルムカメラ」から「デジタルカメラ」へとカメラの技術革新が見られるようになり，まさに，収益の6割を頼る主力事業が消失しかねない「危機」に直面することとなった．事実，2,000年をピークに，毎年

注1）富士フイルム株式会社は，2006年10月2日，富士写真フイルム株式会社の事業を継承し，新たに富士フイルム株式会社として設立された．

カメラ事業は，20%以上の減少が続くありさまとなっている（表3.3および図3.9参照）[7,8]．

表3.3　富士フイルム株式会社の場合

1934年1月　　富士写真フイルム株式会社として創業
1962年2月　　合弁で富士ゼロックス株式会社設立
2006年10月　富士フイルム株式会社として上記事業の継承
カメラの技術革命時代
フィルム使用カメラからデジタルカメラに！収益の6割を頼る主力事業が，消失する危機に直面！
'00年をピークに，毎年20%以上の減少．
写真フィルム事業で培った「技術力」を活用
→ナノテクノロジー，液晶パネル用フィルム部材，メディカルシステム，化粧品，サプリメント，医薬品等で過去最高の収益！

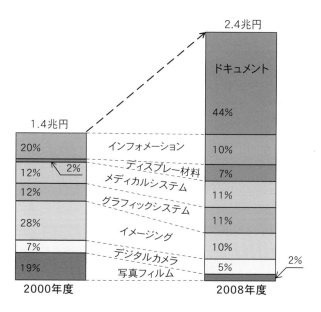

図3.9　部門別売上高の推移

3.2.1.1 苦境からの脱出と同業他社の状況

　このように，写真のデジタル化という深刻な大逆風に見舞われながら，写真フィルム事業で培った技術を生かし，ナノテクノロジー[注2]，液晶パネル用フィルム部材，メディカルシステム，化粧品，サプリメント，医薬品等，次から次へと新しい事業分野に乗り出し，いずれも成功を収めるようになっている．厚さ 0.018 mm の写真フィルムに，何種類もの粒子を制御して並べるナノテクノロジーなどの最先端の技術開発に，これまで蓄積してきた技術を活用している．写真と化粧品とは，一見畑違いのような感じを与えるかもしれないが，写真フィルムの主材料は人の肌や骨を形成するコラーゲンで，写真の色褪せを防止する抗酸化技術は，肌の老化を早める活性酸素の抑制につながるといわれており，共通する技術である．いずれにしても，これまでの写真フィルム事業から，新しい事業への転換の過程では，大規模なリストラを余儀なくされたかもしれないが，ナノテクノロジーをはじめとするこれまでの蓄積技術の活用により，新しい分野において急成長を遂げることができている（表 3.3 および図 3.9 参照）[7, 8]．

　ちなみに，写真フィルム事業を行ってきたもう 1 社，コニカは，フィルム・カメラ事業から完全撤退し，光ディスク用レンズや商業用印刷機の分野を開拓し，実績を上げてきている．コニカも，写真フィルム・カメラ事業で培ってきた技術力を活用して，新規分野で成功を遂げていることは，注目に値する．両社において，その技術力の活用分野が少し異なってはいるが，いずれにしても「技術力」の重要性が再認識された事例である（表 3.4 参照）．

　米国，写真用品の最大手企業であるコダック社の場合はどうなったであろうか[9]．周知のように，コダック社は，1880 年創業で，130 年以上の歴史を誇る世界に冠たる名門企業である．写真撮影にフィルムを導入して写真の大衆化を進めた米国を代表する世界的企業で，写真フィルムで圧倒的シェアを維持してきた写真業界のリーダー的存在であることを自他ともに認められてきた（表 3.5 参照）．コダック社が採用した規格は，世界標準となり，米

注2）ナノとは，10^{-9} を意味する．

表 3.4 写真フィルム 3 社の比較

(1) 富士フイルム	フィルム事業で培った技術を基に新分野に挑み，液晶テレビ用フィルムで強みを発揮し，医療や化粧品などの分野にも力を注いでいる．
(2) コニカ（現コニカミノルタホールディングス）	フィルム・カメラ事業から完全撤退し，光ディスク用レンズや商業用印刷機の分野で実績．
(3) コダック社	「選択と集中」で，化学や医療関連などの周辺事業を売却し，経営効率を高める戦略を採用→周辺事業に経営資源を移して業態の転換を図るチャンスを失うことになってしまった→経営破綻．

表 3.5 米国 イーストマン・コダック社の例

1880 年　創業
1888 年　簡易カメラを発表
1900 年　1 ドルの低価格カメラ「ブローニー」を発売
1969 年　アポロ 11 号人類初月面着陸，月面撮影
1975 年　他社に先駆けデジタルカメラ開発
2012 年 1 月に経営破綻
米アカデミー賞，作品賞受賞作品は 80 年間コダック製フィルム使用，映画産業の発展にも多大の貢献．
米写真用品大手企業，130 年以上の歴史を誇る米国の名門企業．
写真撮影にフィルムを導入して写真の大衆化を進めた米国の名門企業，写真フィルムで圧倒的世界シェアを維持，写真業界のリード役となっていた．コダック社が採用した規格は世界標準，初のデジタルカメラの開発に成功したのにも関わらず，高収益を支えてきたフィルムの製造販売から，業態を転換することができず，業績が悪化．デジタルカメラ時代に乗り遅れ，事業構造の転換に失敗．

国アカデミー賞，作品賞受賞作品は，80 年間コダック社製フィルムを使用し，映画産業の発展にも多大な貢献をしてきている．1969 年，アポロ 11 号人類初月面着陸，月面撮影にも成功している．しかも，1975 年他社に先駆け

表 3.6　コダック社の破綻から学ぶことは

市場環境が大きく変化していく中で柔軟に対応するには，儲かる分野だけに事業を絞り込むだけでは限界がある ↓ 「コアとなる事業の将来性を見極める能力」が経営者に問われる． 　① 普段から「技術力」の育成 　② 「技術力」の活用 　③ 中長期的視野の経営 「急いては，ことを仕損じる」

デジタルカメラを開発している．このように，最初にデジタルカメラを開発したにも関わらず，高収益を支えてきたフィルムの製造販売から事業を転換することができず，業績が悪化し，2012 年 1 月，130 年以上の歴史を誇る名門企業も経営破綻の憂き目から逃れることができなくなった．コダック社は，「選択と集中」で化学や医療関連などの周辺事業を売却し，経営効率を高める戦略を採用し，周辺事業に経営資源を移して業態の転換を計るチャンスを失うことになってしまった．市場環境が大きく変化していく中で，柔軟に対応するには，儲かる分野だけに事業を絞り込むだけでは限界がある．「コアとなる事業」の将来性を見極める能力が経営者に問われている事例であろう．すなわち，今は仮に儲かってはいなくとも，将来性のある新しい分野がどれであるのか，的確に判断し，その分野にも投資し続けることも大事である．オーナーと経営者が分離している場合が多いため，成果がすぐに求められ，そのために短期的視野から見がちとなりやすいアメリカ的経営法の限界が露呈してきたと考えられる．

　表 3.6 に，コダック社の破綻から学ぶことをまとめてみた．いかに伝統があり世界的に有名な会社であっても，技術革新の波に曝された場合，それらの波をどのように乗り切るのか，経営者の手腕はもちろん大事ではあるが，それに加えて，技術力の支援も必須である．すなわち，①普段から「技術力」を育成しておくこと，②危急の時にこそ，より一層その技術力を活用する方策を探ること，そしてそれには③中長期的視野でもって臨むこと，が大事だ

と考えられる．俗に，「急いては，ことを仕損じる」といわれているように，危急の波を乗り切ろうとあわてて大きく舵を切っては，船も沈没してしまう危険性が大きい．波をよく見ながら，時間をかけて乗り切るようにしなければ成功しにくい．

いずれにしても，会社を継続的に運営していく中で，とくに技術の大きな転換期に差し掛かることも少なくないと考えられるが，そのような時こそ，日頃蓄積してきた技術力の有無がものを言うことになる．すなわち，苦境のときにこそ，そこから抜け出すためには，技術力無くしては考えられない．あらま欲しきもの，それは「技術力」ではなかろうか．技術力無くして，このような産業構造の変換に対処することはできにくいと言えるであろう．

3.2.1.2　今後の展望[7]

富士フイルムグループのホームページに掲載されている内容を参照しながら検討してみよう[7]．この会社のグループは，従来の事業領域の映像と情報の分野を超えて，社会の文化，科学，技術，産業の発展，さらには人々の

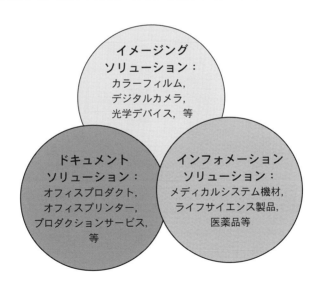

図 3.10　富士フイルムの事業内容（現在）

健康や地球環境の保持まで幅広く貢献していく企業に変わろうとしている．人々が，「物質面」だけでなく，「精神面」の豊かさをも感じながら，人生を有意義に過ごしていける社会の実現を目指して，以下の三つの事業分野を展開することによって，企業理念を具現化しようとしている．それらは，イメージング・ソリューション，インフォメーション・ソリューションおよびドキュメント・ソリューションの事業分野である（図 3.10 参照）．

まず，イメージング・ソリューション事業は，これまでの長い歴史を刻んできた本業の流れを継続するもので，「撮影」から「出力」までの製品・サービスを提供することをねらいにしている．カラーフィルム，デジタルカメラなどの撮影機材，写真プリント用カラーペーパー，現像・プリント機器，写真プリントサービスなどの出力機材に至るまでを手掛けている．

次に，インフォメーション・ソリューション事業では，デジタルX線画像診断システム「FCR」を発売するなど，医療画像診断分野の進展に貢献してきている．さらに，画像診断を中心としたメディカルシステム事業，化粧品やサプリメントを扱うライフサイエンス事業および医薬品事業の分野で

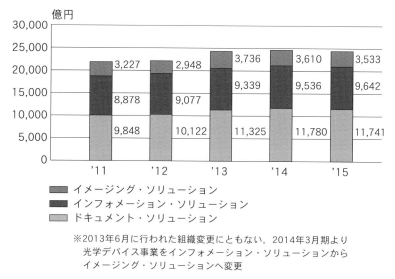

※2013年6月に行われた組織変更にともない，2014年3月期より光学デバイス事業をインフォメーション・ソリューションからイメージング・ソリューションへ変更

図 3.11　年度・事業別売上高構成比 [1]

展開している．今後，ますます進む高齢化社会の実情を鑑みれば，上記のいずれの分野も，まだまだ伸びが期待できると考えられる．

また，ドキュメント・ソリューション事業では，文書管理や基幹業務における多様なソリューションサービスを展開しており，オフィス向けの複写機・複合機や消耗品を提供している．さらに，様々な業務システムやアプリケーションと複合機との連携を実現するソフトウェアを提供し，文書管理や基幹業務における多様なソリューションサービスを展開している．

上記のいずれの分野においても，2011年から2015年の5年間において，イメージング・ソリューション事業は，年平均で約2%ずつ，インフォメーション・ソリューション事業でもやはり，年平均で約2%ずつ，そしてドキュメント・ソリューション事業では，年平均で，他の事業の2倍である約4%ずつ，売上高を伸ばしている(図3.11参照)．ただし，イメージング・ソリューション事業は，2013年がピークで，その後売上高が下降気味となっており，若干の懸念材料となる向きもあるかも知れないが，技術力を有する会社であるので，中長期的視野で俯瞰すれば，こうした心配も杞憂となるものと期待できよう．いずれにしても，8年間で，売上高が，1.4兆円から2.4兆円へと，1.7倍強も増えており，その進展は目覚ましいと考えられる．

3.2.2　株式会社安川電機の場合

株式会社安川電機は，1915年，合資会社安川電機製作所として福岡県遠賀郡黒埼町（現在の北九州市八幡西区黒崎）に設立された．2年後の1917年，初の商品として，20馬力の誘導電動機を製造販売している（表3.7参照）．現在では，創業以来100年を超える歴史を有しており，確たる大企業に成長している．しかし，過去において苦境の時代があった．その辺の概況を，株式会社安川電機製作所の有価証券報告書[11]および安川電機100年史[10]などを参照しながら，以下に言及する．

図3.12は，安川電機の事業別売上高内訳である(1967年3月期)．このころは，電動機と制御盤が主な商品で，売上高も158億円程度であったが，その後も高度成長の波に乗り，順調に売上げを伸ばして行っていた．

ところが，1973年10月，中東戦争に端を発する第一次オイルショックが発生し，石油を海外に依存しながら高度成長を遂げてきたわが国の場合，種々の産業において多大な影響を受けた（図3.13参照）．安川電機でも，1974年度の経常利益は42%減となり，翌年にはますます不況は深刻化し，とくに民需の受注が激減し，汎用機器の需要は低迷の一途をたどった．このため，

表3.7　安川電機の事業形態の変遷
（誘導電動機→サーボモータ→産業用ロボット）

1915年	合資会社安川電機製作所を福岡県遠賀郡黒崎町（現：北九州市八幡西区黒崎に設立）
1917年	初の製品として，20HPの誘導電動機を製造販売．
1928年	ボールベアリング付き誘導電動機を商品化．このころまで電動機の軸受けは滑り軸受が主流であった．原理的に摩擦が小さいボールベアリングを，安川電機は他社に先駆け採用．これをきっかけに日本の誘導電動機は滑り軸受からボールベアリングに変わっていった．
1958年	DCサーボモータの誕生．イナーシャ（慣性）がミニマムという意味から「ミナーシャモータ」と名付けられた．当時，モータはロータの鉄心コアに巻線を巻き付ける構造が普通であったが，安川電機はロータから重たい鉄心コアを無くし巻線をシャフトに直接巻き付ける構造を考案した．この技術により従来比100倍の応答特性を備えるモータが完成した．このモータが製造ラインで広く使われるようになり，メカニクス（機械工学）とエレクトロニクス（電子工学）の融合を意味するメカトロニクスという造語が1960年代に生まれた．
1977年	「電動式産業用ロボットMOTOMAN」の1号機を受注．当時はロボットと言えば油圧式であった．油圧式に対し，電動式は重量物をハンドリングするパワーが足りなかった．そこで安川電機は軽量物のハンドリングで済むアーク溶接用ロボットを提案した．その後，パワー素子がサイリスタからバイポーラトランジスタに変わり，そしてさらに性能が良いIGBT（Insulated Gate Bipolar Transistor）へと変わっていく．これに伴い，重量物を高速にハンドリングできる多種多様な産業用ロボットを，安川電機は製品化していく．

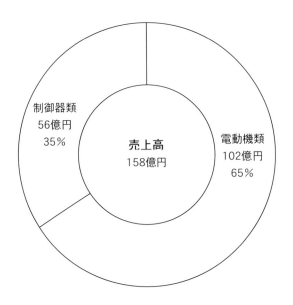

図 3.12 安川電機の事業別売上高内訳（1967 年 3 月期）

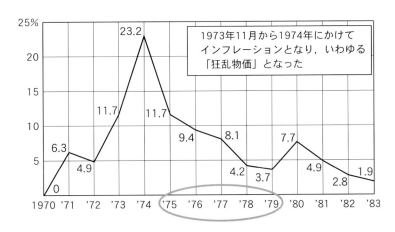

図 3.13 第一次オイルショック前後の消費者物価変動率（全国）[総務省統計局]

3 技術力による成功例 | 37

売上高は，前年度の80%にまで落ち込み，資産の売却も行ったが，赤字に転落した．帰休制度も実施したが，もはや一時しのぎの対策ではこの深刻な危機を乗り切れず，人員の合理化は避けては通れない状況となった．

3.2.2.1 苦境からの脱出

1976年3月，700人の希望退職者募集と賃金凍結を含む自主再建策を発表したが，組合からの猛烈な反発があり，とうとうストライキに突入した．会社は，十数度に渡ってビラを配布し，経営の現状に対する理解と協力を求めた．その結果，組合側も事態の深刻さを認識せざるを得なくなり，退職を希望する者に限定することで，700人強の従業員が退職の道を選んだ．翌1976年9月から自主再建計画が始動し，一般産業用電機品に加えて，官公需，外需の開拓に全力を挙げるとともに，福利厚生施設，遊休土地の売却，小倉工場の一部の売却，等，次から次へと対策を実施していったが，最終損益の黒字化にまでは至らなかった．1978年，再度の希望退職者募集および残る売却可能な資産の売り尽くしにより，当初の計画を達成する決意を固めた．厳しい労使双方の交渉の末に，400人弱の希望退職者を出す羽目に至った．図3.14に，安川電機の事業別売上高内訳（1977年3月期）を示す．売上高こそ，564億円に増加しているが，このころが，安川電機の最も苦境に至った時代であろう．

一方，第一次オイルショック以降の低経済成長下で，戦後のわが国経済の基盤を支えてきた，鉄鋼，造船，機械，化学等のいわゆる基幹産業頼みにしてきた重化学工業路線は，180°の転換を迫られていた．すなわち，「重厚長大産業」から，「軽薄短小産業」へと，高付加価値型商品を指向する時代に入っていた．これまで「重厚長大産業」向けのモーターを主力にしてきた電機産業においても，産業構造の変革に対応しなければ生き残れないことが理解されるようになってきた．こうした中で，株式会社安川電機で長い間育成し続けてきたサーボコントロール技術は，産業界の高い信頼を得ることができた．また，NC装置や電子・省力化機器の受注が増え始めるとともに，官公需・外需も大幅な伸びを示した．また，経営活動の基本的な考え方を「オー

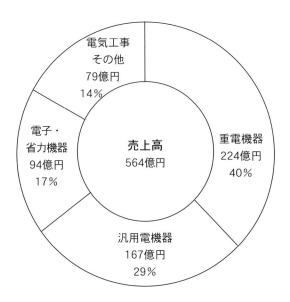

図 3.14　安川電機の事業別売上高内訳（1977 年 3 月期）

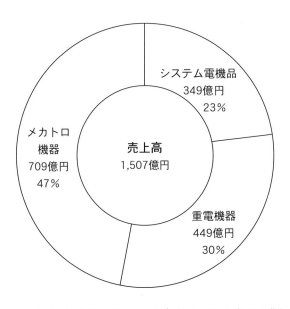

図 3.15　安川電機の事業別売上高内訳（1991 年 3 月期）

3　技術力による成功例

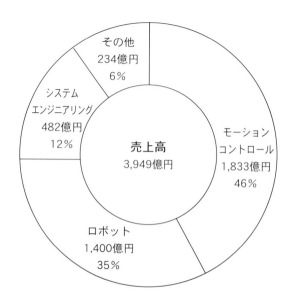

図 3.16　安川電機の事業別売上高内訳（2017 年 3 月期，連結）

トメーションを推進する安川電機」から「オートメーションに奉仕する安川電機」に修正した．これは，「推進する」という言葉には顧客に対するひとりよがりが感じられることから，よりマーケット志向型の技術・製品・営業政策を打ち立て，その実行を期する主旨となっている．

　その中でも，産業用ロボット事業は，株式会社安川電機の主力製品にまで成長し，現在では世界シェア 4 位の実績を確立させている．言うまでもなく，産業用ロボットには，駆動部分に多くの小型モーターが使用されており，それらに付随して使用されている関連機器の活用まで含めると，これまで培ってきた「技術力」が十分に生かされてきていることが理解できよう．図 3.15 および 3.16 は，それぞれ事業別売上高内訳（1991 年 3 月期）と事業別売上高内訳（2017 年 3 月期，連結）を示す．売上高は，1,507 億円から 3,949 億円へと，その増加の程度が著しいことが理解できよう．

3.2.2.2 今後の展望

 ちなみに，2019 年には，現状の約 7 割増しの月産 5,000 台にまで拡張する計画が発表されている．これは，とくに中国市場における製造現場での自動化の流れに対応するためだと言われている．さらに，中国の大手家電メーカーである美的集団との合弁会社で，2019 年までに約 20 種類の医療・介護機器を開発する方針も発表しており，まだまだこの分野での拡大傾向には衰えが認められない．もちろん，その中にはたとえば介護アシスト機器やリハビリ支援装置，さらには介護ロボット等が含まれていることは言うまでもない．とくに，わが国においては，少子高齢化がますます加速されることによる人手不足により，製造現場だけでなく，医療現場等においても，人手不足を補完する見地から，介護用ロボットや高齢者などが介護する場合の力不足を補うための介護アシスト機器の需要が大きく高まるものと考えられる．さらに，たとえば福島原子力発電所において，溶融・破損したと見られている核反応容器の破損状態の調査にロボットが使用されているように，危険な場所への調査や，深海等の人が立ち入ることが困難な場所への調査等，ロボットの活躍分野が増加するものと予測されている．

 また，増え続ける外国人に対して，インフォーメーションセンターのようなところでも，6 か国語あるいはそれ以上の外国語に対応できるロボットの受付員を設置することによって，24 時間案内のサービスを施すことができる．もちろん，医療案内や災害速報の伝達にも，対処できるようにすることもそれほど困難なことではない．こうしたシステムを設けることで，わが国を訪れる外国人にとって，安全・安心かつ快適な滞在期間を持てるようになり，ますます日本が魅力のある国となってくるであろう．

 このようなロボットに対するニーズは，やがて欧米等の先進国，さらに東南アジアや南米等の開発途上国においても，時間の大小差が存在するにしても，いずれ高まってくることは必至であり，今後とも有望な市場はますます広がってくると想定される．

3.3 近い将来に予測される技術革新の例

上記の2例とは別に,近い将来に予測される技術革新の動きが認められるので,以下に紹介する.

テレビの天気予報を見ていると必ずと言っていいほど,pm 2.5[注3]の濃度の発表がなされている.これの濃度が高いほど,健康に害が発生する確率が高くなっている.今のところ,ほとんどの日は,健康に影響を及ぼさない程度の低い濃度ではあるが,時にはその限界を超えている日もあって,予断は許されない.表 3.8 に示すように,欧州では,脱ガソリン車の方向に舵を切ろうとする動きがある.すなわち,英国政府が,ガソリンやディーゼル車など化石燃料を使用する自動車の販売を 2040 年までに禁止すると発表している(表 3.8 参照).これは,深刻化する大気汚染および地球温暖化防止への対策の一環であると考えられる.すでにフランスが同じ方針を打ち出しており,ドイツやオランダでも同様の動きがあるという.欧州を皮切りに,世界的に「化石燃料自動車」からモーターで走る「電気自動車(EV 車,Electric Vehicle)」への移行が加速されることを意味している.これが実行されると,自動車業界のみならず,エネルギー産業や他の産業まで巻き込んだ産業構造の変革が始まると予想される[12].

これに対して,わが国の場合はどうであろうか.トヨタ自動車などの日本

表 3.8 近い将来に予測される技術革新の例

技術革新の新たな動きの例:「脱ガソリン車に動く欧州」
英国政府が,ガソリン車やディーゼル車など化石燃料を使用する自動車の販売を 2040 年までに禁止すると発表 ⇒ 深刻化する**大気汚染対策**,および**地球温暖化防止**への一環,すでにフランスが同じ方針を打ち出しており,ドイツやオランダでも同様の動き. 欧州を皮切りに世界的に,「化石燃料自動車」から「モーターで走る電気自動車」への移行が加速,自動車業界のみならず,エネルギー産業や他の製造業を巻き込んだ産業構造の変革が始まる.

注3) pm 2.5 とは,大気中に浮遊する微粒子のうち,粒子径が概ね 2.5 μm 以下のもの.

の主要自動車メーカーは，エンジンとモーターを組み合わせたハイブリッド車（Hibrid Car）で，欧米諸外国のメーカーに先行してきた．すなわち，通常はエンジンで自動車を駆動させるが，ブレーキを踏むときのエネルギーを搭載している蓄電池に貯めて，加速の時に使用することによって，エネルギー効率，すなわち燃費を向上させる技術である．次の段階として，水素を燃やして走る燃料電池車（FCV，Fuel Cell Vehicle）の普及を狙っている．しかし，わが国は電気自動車の分野では，欧米の他中国などの新興国にすら立ち遅れていると言われている．スウェーデンのボルボ社は，2019年から新型車のすべてを電気自動車化，ドイツのダイムラー社やフォルクスワーゲン社も，今後数年の間に，電気自動車を10〜30車種販売する予定であるし，米国テスラ・モーターズ社や中国のBYD社などの新規参入会社でもすでに量産体制を築いている．トヨタ自動車が量産化に向けて組織を作ったのは，2016年末である．

　なお，わが国では，電気自動車普及のために，民間企業や自治体等が中心となって充電設備の整備をすすめている．政府でも，これらの普及促進のために，充電設備の導入に際して，本体価格1/2以内の補助を行っている他，独自に補助制度を設けている地方自治体もある．事実，高速道路のサービスエリアやガソリンスタンドの一角に，電気自動車用の充電設備を設けているところも見受けられるようになっている．また，国内自動車メーカーから販売されている主な電気自動車としては，日産，三菱自動車および富士重工業の小型車があるが，ガソリン車に比較して，まだまだ高い価格設定となっている．

　また，2017年8月4日，トヨタはマツダと「資本提携」を発表した．この提携の第一の狙いは，電気自動車を生産するための事業の強化であると言われている．事実，このような技術革新に対応するには，1社だけでやろうとするとあまりにも資金がかかりすぎるので，複数の企業の連携で乗り切ることが賢明なやり方ではなかろうか．これで，わが国の自動車メーカーは，トヨタ，ダイハツ，日野，スズキ，マツダにフォードを加えたグループ，日産，三菱自動車にルノーを加えたグループ，さらにはホンダにGMを加え

表 3.9 電気モーター自動車に切り替えできにくい裏事情

従来：化石燃料自動車，エンジン内で燃料を噴射・爆発させた力を変速機を通じて車輪に伝える方式，排ガスは触媒等でクリーンにする，このような複雑な動きを支える部品点数は約 2～3 万点．

電気モーター自動車：電池，モーターおよびそれらを制御する電子装置から形成．部品点数は千点に満たない．

上記の両者間で，事業構造が大きく異なり，部品を扱う関連産業の裾野の広さ，抱える雇用の厚み，等の差で多大な影響．

現在，わが国で自動車関連に従事する人数：製造，利用，関連部門，資材，整備等で，534 万人（2017 年 8 月 4 日，NHK ニュースウォッチ 9 による）にのぼるが，それが－37％となると予想．

関連産業や雇用への打撃の深刻さ，化石燃料の消費量および価格，電力需要，広く産業界への影響が懸念．

たグループの三大グループ分けが成立することになり，いよいよ本格的な技術革新に突入することになる．

　一方で，電気自動車に舵を切りにくい事情（表 3.9 参照）が存在する．すでに述べたように，従来の化石燃料による自動車は，エンジン内に燃料を噴射・爆発させて，その力を変速機を通じて車輪に伝え駆動する方法である．排ガスは，触媒等を通じてクリーンなものにするようになっている．このような複雑な機構を支える部品の点数は，2～3 万点と言われている．一方，簡単な仕組みである電気自動車の場合は，部品点数が 1000 点にも満たない．すなわち，電池とモーター，それらを制御する電子装置があれば充分だからである．化石燃料自動車と電気自動車とは，事業構造は大きく異なり，部品を扱う関連産業の裾野の広さと抱えている雇用の厚みにも相当な差が生ずる．従来型の自動車で優位に立っている日本の自動車メーカーにとって，大胆な方向転換を計ろうとした場合，あまりにも失うものが多すぎることになり，なかなか舵を切りにくい裏事情が存在する．たとえば，化石燃料の自動車に従事している従業員数は，製造，利用，関連部門，資材および整備部門等合わせて，約 534 万人と言われている[13]．もし，現状の化石燃料の自動車から電気自動車に切り替えた場合，約－37％，すなわち約 200 万人の雇

用削減となり，そこから波及する間接的な影響も考慮すれば，その影響は計り知れない．今後，電気自動車が主流になれば，わが国の関連産業や雇用への打撃は避けられないことになりかねない．それだけに留まらず，化石燃料の消費量や価格，電力料金にも影響を及ぼすことになるであろう．

　欧米のように，電気自動車の方向に進むのか，あるいは大がかりな設備が必要な燃料電池車に力を注いで，「水素自動車」→「水素社会」への方向を進めるのか，わが国の経済と国民生活に多大な影響を及ぼしかねない技術革新の問題に対し，まったなしの時代がやってきている．

3.4　苦境を乗り切るために

　これまでに述べてきたことから推察すれば，(1) 世の中の変化に対応できない会社は，整理・縮小したりして，いずれは消えていかざるを得なくなってしまう．すなわち，倒産の憂き目を経験しなくてはならない．「技術革新」によって，全く新しい商品が市場に現れた場合，それまで順調に売られていた商品が，新しい商品によって淘汰されて，従来の商品が売れなくなることはよく起こり得ることであろう．また，「産業構造の変化」により，とくに競争相手が現れたわけではないのに，従来の商品の需要そのものが減少することで販売不振につながる場合も珍しい事象とは言えないであろう．このような場合，従来の商品に代わる新しい商品を開発しなければならないが，それには経営者の適切な判断力が求められる．しかし，それだけでは必ずしも十分とは言えない．新しい商品を開発するに当たって，その会社に十分な「技術力」がなければならない（図 3.17 参照）．

　もし，技術力が欠けていたならば，どうすれば良いであろうか．他社から，それらの技術を導入するしかないが，果たしてそのような方法でうまくいくであろうか．第一に，技術の導入に対して，十分な対価を準備する必要がある．また，導入する技術を消化するための期間も必要となり，出来上がった製品には，より高い値段を付けないと，投下した資本をペイすることができないかも知れない．このようなことを考えると，やはり「技術力」の重要さ

世の中の**変化**に対応できない会社は，**倒産**！ ↓ 社会のニーズに対応不可の会社は**消滅**する ∴「経営力」+「技術力」が不可欠	**元気な会社の共通点** （1）現状に満足していない 　　→上昇志向に満ちている （2）経営者が世襲ではない 　　→意見が通りやすい （3）技術を大事にしている 　　→目的が明確 ↓ 「**創意工夫**」と「**実行**」
図 3.17　社会変化と技術力の重要性	図 3.18　元気な会社の共通点

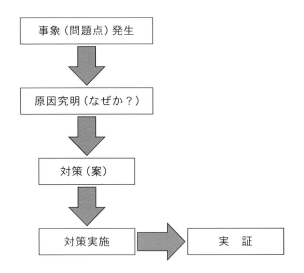

図 3.19　問題点の発生から対策実施までの過程

が身に染みて理解できることであろう．

すでに，述べてきたことではあるが，ここで技術力との関連から，元気な会社の共通点について，もう一度振り返ってみよう（図 3.18 参照）．要するに，元気な会社の共通点として，常に上昇志向に満ちていること，下からの意見が通りやすいこと，技術を大事にしており，目的が明確であること，などが上げられる．そして，「創意工夫」と「実行」がなされており，技術力を有していることがベースに存在していることが明らかである．

図 3.19 に，問題点の発生から対策実施までの過程を示す．ここで，唐突にこのような図が現れたのではない．筆者の意図は，技術力の重要性を強調してきているが，実は技術力の向上は，地道な問題点への取り組みの積み重ねによって形成される．すでに述べてきているように，会社を経営していく過程において，日々「問題点」との遭遇の繰返しである．それらの問題点の発生から，原因究明，対策（案）提示，対策実施そしてそれを実証する過程を積み重ねる必要がある．

参考文献

1) たとえば，坂本光司：ちっちゃいけど，世界一誇りにしたい会社，ダイヤモンド社，(2010)．
2) 日経産業新聞編：技術力で稼ぐ！日本のすごい町工場，(2011)，日本経済新聞出版社，(2011)．
3) 旭山動物園パンフレット，(2012)．
4) 製品開発の原動力は「怒り」独自技術こそが競争を促す，週刊ダイヤモンド，2012 年 9 月 12 日号．
5) ダイソン社ホームページ．
6) ダイソン社に関する MSN の SNS 資料，参照．
7) 富士フイルム株式会社の HP を参照．
8) たとえば，毎日新聞，2010 年 3 月 26 日，朝刊．
9) 毎日新聞，2012 年 1 月 20 日，朝刊．
10) 安川電機百周年事業室，安川電機 100 年史，(2015 年 9 月 21 日)，㈱安川電機
11) ㈱安川電機製作所，有価証券報告書，(昭和 41 年度)，(昭和 51 年度)，(平成 2 年度) および（平成 28 年度）
12) 毎日新聞，2017 年 7 月 30 日，朝刊
13) 2017 年 8 月 4 日，NHK，ニュースウォッチ 9，より参照．

4 技術力確立のステップ

　一口に「技術力」とはいうものの，その実体は目に見えないので，中味は極めて抽象的であるが，持続的に生き残りたい，できればより発展させたいと願う会社にとって，技術力は不可欠のものであることはかなり広く認識されていると考えられる．しかし，いざ技術力を蓄積したいと願っても，どのようにして技術力を蓄積したらよいのか，途方にくれるのも事実である．まして，その技術力を今まで以上に向上させるには，しかもどうすればより効率的に行うことができるのか，このような疑問に答えてくれる出版物に遭遇することができなかった．というのも，これまで技術力とは，会社が意識して積極的に蓄積してきたというよりも，自社商品をより多く販売したいため，顧客からのクレームあるいはその要望に答えようとして，自社の商品の品質向上に対して，長年の創意工夫およびそれを実行し続けている間に，いつの間にか「技術力」が蓄積されてきたからではなかろうか．このように，技術力の養成およびその向上の過程においては受動的な経緯があったかもしれないが，理想的には，技術力は意識して，換言すれば「能動的に蓄積」すべきものであるし，その蓄積のやり方にも一定の手法があると考えられるので，本章ではその具体的な手法等について，言及する．

4.1　問題点を抱えていない会社はない

　好景気でもうかっている会社の社長がこういった．「わが社は，何も問題点を抱えていない．すべて順調に行っている」と．本当にそうだろうか．「問題点を抱えていないのではなくて，問題点を見つけることができていない」

だけのことではないだろうか．あるいは，問題点が社長にまで伝わっていなかっただけではないだろうか．「問題点が存在しない」のと，「問題点を見つけることができていない」のとでは大違いである．

「高収益を上げている」＝「問題点がない」と判断するのも，早計である．たとえ，高収益を上げてはいても何らかの問題点が存在し，それらの問題点を解決することによって，より大きな収益につながる場合もあるかもしれない．また，現在，仮に高収益を上げてはいても，抱えている問題点を見つけて対処しなかったばかりに，その後の景気動向や，競合会社の進出等の影響を受けて，苦境に陥る例も少なくない．すなわち，今のところ，問題点を抱えていない，あるいは問題点が見つかっていないからと言って，決して安心はできないのである．

資材を購入し，それを加工して商品を製造し，販売して，それなりの利益を上げていくことを継続する過程において，何らかの問題点が必ず発生する（図 4.1 参照）．この図に示すように，問題点は，大別すれば 3 か所で認められる．すなわち，資材現場，製造現場および使用現場である．とりわけ，使用現場は，ユーザー（顧客）からの「生の声」を聞くことができるので，商品の品質向上には極めて有用な意見である場合が多い．

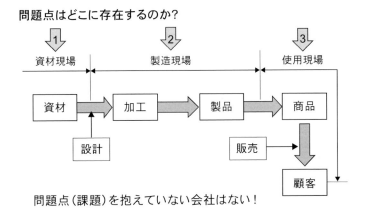

図 4.1　問題点の存在

問題点は，「課題」と言い換えてもよい．資材に起因する問題点，製造上の問題点，使用上の問題点，等問題点は限りなく存在し，それらの問題点を一つ一つクリアしていく過程も重要ではあるが，問題点をクリアしていけばまた新しい問題点が浮上してくる．「会社経営活動を継続していくことは，種々の問題点を整理し，それらを解決していくことである」と言っても過言ではない．したがって，たとえ現在，会社が高収益を挙げているからといって，問題点を抱えていないわけではなく，幸運に恵まれたこともあるかもしれないが，これまで意識的にあるいは無意識的にせよ，問題点をうまく処理し続けることができたから，あるいは，たまたま会社の経営に深刻な打撃を与えるほどの問題点に遭遇しなかっただけのせいであるかもしれない．なお，「製品」と「商品」との相違に関しては，5章において詳述する．

4.2　技術力確立のためのステップ

　すでに述べたように，会社経営活動とは，商品の製造を通じて，問題点の発生→問題点への対処（問題の解決）の繰り返しであるといっても過言ではない．技術力とは，「ある問題点が発生した場合，それを解決するだけでなく，類似の問題点に対しても対処できる能力である」と1章で定義した．したがって，技術力を養成するためには，ある問題点が発生した場合，それを解決するだけでなく，それに至る根拠を論理的に明らかにしておくこと，すなわち「なぜか？」ということを明らかにし，できれば実証しておくこと，からスタートすると考えられる．問題点に対する「原因をキチンと究明」しておくことによって，その後の対策は必然的に案出されてくるものである．そして，「なぜか？」ということを明らかにし，できれば実証しておくことにより，単に発生した問題点だけでなく，類似の問題点に対しても対処できるようになる．すなわち，「応用力」が備わってくる．

　すでに1章で述べたように，技術力確立のためには，長期にわたる地道な努力が必要である．しかも，その努力には「創意工夫と実行」が伴っていなければならない．しかし，せっかく築き上げた「信頼」を壊すには，ユー

技術力確立には，
以下のようなステップが考えられる．

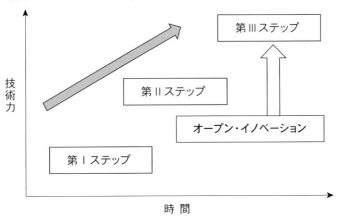

図 4.2　技術力確立へのステップ

ザーの期待を裏切るという「一瞬」で充分である．以下に，技術力確立のための三つのステップを示す（図 4.2 参照）．

　第 I ステップは，「技術力確立のための初歩」であり，第 II ステップは，「技術力確立への実行」である．そして，第 III ステップは，「高度な技術力の確立」である．さらに，より幅広く高度な技術力を確立するためには，自社技術のみでは不十分な場合もあり，「オープン・イノベーションの活用」といった手法もある．これらの内容については，以下に詳細に示す．

4.2.1　第 I ステップ：技術力確立のための初歩

　まず，第 I ステップでは，技術力確立のための初歩として，いくつかの準備段階を経る必要がある．たとえば，製造業の場合，工業製品に対する「工学的知識」の修得を行い，商品に対する問題点（クレームまたはトラブル）等の軽減を計ることが重要である（図 4.3 参照）．なお，図中①，②はメーカーへの「情報の流入」を意味する（図 4.5 の③④，4.7 の④⑤および 4.9 の④⑤⑥でも同様）．最初から，問題点が生じていない完璧な商品を製造するこ

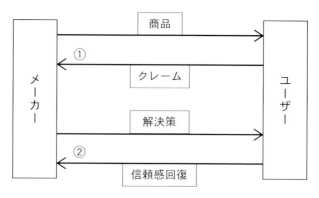

問題点が発生したら対処 → 受身の対応
①②：情報の流入

図 4.3　技術力確立の第 I ステップの構図

とは理想的ではあるが，現実には，そのようなことはほとんどあり得ない．とくにその商品が，新製品に相当するような場合，市場に販売されてから「問題点」が露呈する場合も少なくはない．もちろん，たいていの場合，市場で販売する前に社内や関連部門の評価設備を使用して，十分なチェックがなされるのが普通である．あるいは，新商品をまずは特定の地域に限定的に試販し，ある程度評価が固まってから，全国展開するような方法も採られている．しかし，そのような評価手法には自ずと限界がある．市場に販売された後に，問題点が発見された場合，当事者達はこのような問題が明らかになることを恥じて，真っ先に「できるだけ秘密裏に解決したい」それができない場合，「ごく狭い関係者だけの問題点として取り扱いたい」と考える．その気持も分らないわけではない．周知のように，製造販売されるようになってからすでに100 年以上経過していて，いまなお多くの技術者が設計に関与している自動車ですら，時々「リコール」によって，当初の設計の不備を補完している有様である[注1]．ユーザーからの問題点指摘，あるいはクレームに対して，秘

注 1) わが国における自動車の第 1 号は，1904 年に蒸気自動車が，1907 年にガソリン車が製造されたと言われている．

密裏に解決しようとはせずに，まず問題点発生の原因を明らかにしその対策案を携えて，ユーザーとはキチンと真摯な態度で接して，最大限の努力を払ってその問題点を解決するように努めるべきである．その後，それらの結果を社内の関連部門である，設計や開発部門，営業や企画部門等にも連絡し，二度と同じような問題点が発生しないようにしなければならない．すなわち，問題点はでき得る限り小さいうちに解決し，その結果を関係部門にも周知徹底し，知識を社内で共有することが，最も有効で，かつコスト的にも少なくて済むのである．このように，メーカーが商品のユーザーからのクレームに対してきちんと対応し，納得のいく解決案を提示・実行することによって，当初発生させたクレームによって失った信頼感を取り戻すことができる．「災い転じて，福となす」という諺にもあるように，会社活動を行っていれば，災いはある程度は避けられないが，それを逆にうまく活用することも会社の技術力と関係している．

　問題点の解決案，すなわち回答を提示する場合，必ずしも回答は一つではない．むしろ，このような実用問題に対する回答は「無数」に存在するといっても過言ではない．それらの無数の回答の中から，ベストな回答を選択して提示することになる．ベストの回答とは，「コスト最低で，効果最大のもの」となるが，相手先の事情により，必ずしもベストの回答が最終的に採用されるとは限らない．というのも，たとえばベストの回答を採用しようとした場合，時間がかかり，相手先（顧客）はコストよりも時間的短縮の方を望むこともあり得るので，次善の策が選択されることになるかもしれない．相手先の立場に立って，よりふさわしい回答を提示することが望ましい．

　ところで，商品を販売後，現に発生しているあるいはこれから起こり得るような問題点を軽減させることは可能である．このようなことは，メインの業務であるとはいえず，どちらかといえば「尻拭い的要素」のある業務であるが，会社が継続的な営業活動を行うためには，ぜひともやっておかなくてはならない地味ではあるが極めて重要な仕事である．したがって，「守りの戦略」と名づけることにする（図 4.4 参照）．

　このような業務をメインにこなしているのは，通常，製造業では「品質保

```
┌─────────────────────────────────────┐
│ 第1ステップ:技術力確立のための初歩 │
└─────────────────┬───────────────────┘
                  ▼
┌─────────────────────────────────────┐
│ 商品に関する「工学的知識」の修得 →  │
│ 商品に関する問題点(クレーム・トラブル)等の軽減 │
│   (守りの戦略) →                    │
│ 問題点等の低減に伴う処置費用の減少 →│
│ ユーザーとの相互信頼性の回復 →      │
│ 安定需要(更新・増加)の確立 →        │
│ 新規需要開拓への道筋                │
└─────────────────────────────────────┘
```

図 4.4　技術力確立の第1ステップ

証部」と呼ばれている部門であるが，ここで取り扱う問題点（クレーム・トラブル）等に関して，対処後の詳細は製造部門，設計部門，開発部門，さらには企画部門等へキチンと流してから，かつ各部門の意見も加味して技術内容を整理・保管し，これらの部門と知識を共有しておく必要がある．そうすることにより，単に同種，同類項の問題点の発生を低減させるだけでなく，商品の改善による新しい製品の開発にスムーズに結びつけるためにも，ぜひとも必要な情報の共有化である．このような業務をキチンと処理することによって，少なくとも問題点の低減に伴う処置費用の減少が期待できる．さらに，問題点解決に向けての真摯な態度はユーザーからいつしか磐石の信頼を勝ち取ることにもつながる．すなわち，ユーザーとの相互信頼性の確立やさらに安定需要（更新・増設）の確保にも結びつくことも期待できよう．そのことが，やがては「新規需要開拓」への道筋をつけることにもつながるであろう．このように，たとえ商品に欠陥が見つかっても，「恥ずかしいことである」と問題点を隠したり，相手先に嘘でごまかしたりするようなことをせずに，それに対してキチンと対処することによって，逆にユーザーからの厚い信頼を勝ち取ることも可能である．「災い転じて，福となす」あるいは「雨降って，地固まる」の諺がふさわしい．

4.2.2　第 II ステップ：技術力確立への実行

　第 II ステップは，技術力確立への実行である．

　たとえ，現状の商品に使用上の大きな問題点を抱えていなくとも，たとえば他社の類似商品と比較して，あるいはすでに使用しているユーザーからのアドバイス等がヒントになって，より高機能な製品を開発するための何らかの「改善点」が浮かんでくるはずである．あるいは，現在使用している商品（設備）では，需要に追いつかなくなって生産をもっと増強したい，その際，機能は現状のものと同等でも，より安価なコストで生産できる工程を開発したい，このような要望も生まれてくるかもしれない．そのような場合，素早く設計変更を行い，ユーザーの希望の商品（設備）に改造または生産能力の高い商品（設備）を提示したりすることで，商品の全体的な見直しや設計をより合理的に行おうとする種々の工夫がなされるであろう．これらの諸作業を経験することによって，従前よりも，よりレベルの高い技術力の確立に結び付けることができると考えられる（図 4.5 参照）．すなわち，メーカーから販売した商品に対して，ユーザーから何らかの提言や技術的相談等を通じ

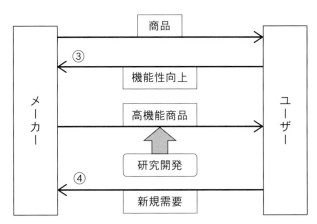

ユーザーの潜在的ニーズの把握 → 新規需要の開拓
③④：情報の流入

図 4.5　技術力確立の第 II ステップの構造

```
┌─────────────────────────────────┐
│  第IIステップ：技術力確立への実行  │
└─────────────────────────────────┘
                 ↓
┌─────────────────────────────────────────┐
│ 商品の「合理的設計」へのアプローチ →        │
│ 合理的設計による軽量化・高性能化 →          │
│ 合理的設計に伴う商品構成の拡大（**攻めの戦略**）→ │
│ 新商品開発期間の短縮とレベルアップ →        │
│ 高機能商品の販売 →                       │
│ 会社収益の大幅改善                        │
└─────────────────────────────────────────┘
```

図 4.6　技術力確立の第 II ステップ

て持ち込まれた要望などを総括し，時にはそれらの要望をはるかに上回る機能を有した新商品を提示することで，新規需要をも確保することができるであろう．その解決法の一つが，商品の「合理的設計」へのアプローチである．合理的設計による軽量化・高性能化等に取り組むことにより，「商品構成の拡大」にもつなげることができる．このような取り組みは，会社体質の積極的改善効果を狙いにしているので，「攻めの戦略」と名づけることにする（図4.6 参照）．合理的設計法を取り込むことにより，新商品開発期間の短縮とその品質のレベルアップを達成することもできよう．さらに，ユーザーの志向に添った機能を持たせることができるので，他社の商品とは一味異なった「差別化商品」を開発・販売することになり，会社の収益を大幅に改善することにもつながる．

4.2.3　第 III ステップ：高度な技術力の確立

　第 III ステップは，他社の追随を許さない「高度な技術力の確立」であるが，この境地に至るには，第 I ステップおよび第 II ステップを地道に繰り返して，商品に対する問題点の解消を進め，かつ技術力の確立の努力を継続させることが必要である（図 4.7 参照）．第 III ステップは，どこの会社でも到達できるような容易な状態ではなく，ある意味では技術力確立においては理想の

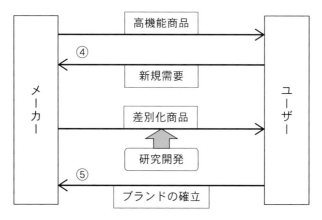

ニーズの先取り → 業界トップのブランド力確立
④⑤：情報の流入

図 4.7 技術確立の第 III ステップの構造

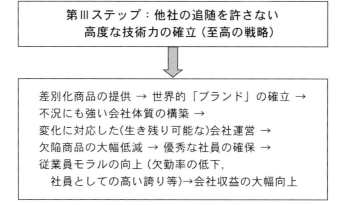

図 4.8 技術力確立の第 III ステップ

状態であるので,「至高の戦略」と名づけることにする（図 4.8 参照）. そのためには, メーカーは, 常にユーザーに対して, ユーザーの要求を上回るような高機能商品を提供し, それによって従来の顧客はもちろんのこと, 新規需要も取り込み, この分野では業界のリーダー役を演じるようになっていな

ければならない．ところで，それを達成するには，とくに研究開発が不可欠となる．すなわち，研究開発によって，他社が手掛けていないような商品，差別化商品，を開発して，それをユーザーに提供することによって，第IIIステップの状態に到達することができよう．この研究開発の具体的やり方に関しては，5章に記述する．これにより，世界的「ブランド」の確立を計ることも可能であり，会社収益の大幅向上，そして不況にも強い会社体質の構築に結びつけることができるであろう．

　現在，製造・販売している商品が，いつまでも継続して売れるとは限らない．むしろ，時代の変化に対応した生き残り作戦を実行する必要がある．そのようなことが可能かどうかは，技術力の蓄積がものをいう．さらに，このような技術力を確立するためには，何よりも社内の研究開発体制の全面的な支援が欠かせない．高度な技術力の確立により，優秀な社員の確保，従業員モラルの向上で，たとえば欠勤率の低下や社員の会社への高い帰属意識の養成，欠陥商品の大幅低減など，目に見えにくいが収益向上につながる効果も無視できないであろう．

　第Iステップから第IIIステップに至るまで，技術力の確立のためのステップについて述べてきたが，たとえば第IIIステップといっても，会社全体が第IIIステップの状態にあることは珍しく，会社で生産している「商品」によっては，たとえば第Iステップの状態に留まっているかもしれないし，あるいは中間の第IIステップのレベルにあるかもしれない．その会社で製造・販売している商品のすべてが，第IIIステップの状態に到達できるようにするためには，会社の経営者はもちろんのこと，従業員の意識の向上によって，たとえ現状において会社の業績が好調であっても，それに決して満足することなしに，常に「技術力の向上」に向かって絶え間ない努力を続けること，すなわち「創意工夫」と「実行」が必要であることは言うまでもない．

4.2.4　オープン・イノベーション（Open Innovation）の活用

　技術力確立の第IIIステップの別のやり方がある．技術力は，理想的には

すべて自社で確立すべきであるが，それを一朝一夕で成し遂げることは困難である．以前は，外国の優れた技術を導入し，それを消化・工夫することで，独自の技術を確立することが行われてきた．しかし，わが国産業の技術力の高度化が進んできた現在では，多くの分野において，そのようなことは期待できにくくなってしまっている．また，一方では商品開発の期間短縮が求められている．すなわち，商品開発のための効率化およびリスクの低減が強く要求されているのである．

そこで，考え出された一つが，オープン・イノベーションと呼ばれる方法である（図4.9参照）．これを，「技術公募」と訳すことにした．もともとイノベーションとは，「革新，改革」などと訳されており，技術に限定すれば「技術革新」と呼ばれている．それを公にして，必要な技術を社外から調達しようとするものである．たとえば，A社で必要とする技術が社内ではまだ開発されていない場合に，それを自社で開発しようとすると何年間か必要となる．当然，そのような技術のもとで開発される商品も何年間か先にならざるを得ない．その間，当然開発費もかかるし，第一に何年か後に開発した商品が，

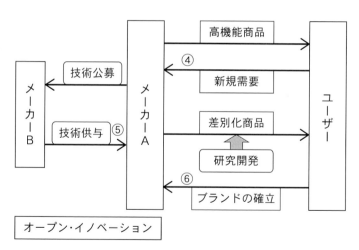

他社の追随を許さない技術力の確立
④⑤⑥：情報の流入

図4.9 技術力確立の第Ⅲステップの構造

表 4.1　オープン・イノベーションの勧め

> Open Inovation（技術公募）
> オープン・イノベーションを技術公募と訳した．
> これは必要な技術を公募によって調達（導入）し，新製品を開発しようとする試み方である．この方法により，自社資源の活用を計ることができ，外部との連携を強化する等，のねらいがある．
> →①開発期間の短縮，
> 　②開発費用の低減（技術料を支払っても），
> 　③ニーズの先取りに伴う市場占有率の拡大が図れる．等

その時点で社会にうまく受け入れられるかどうかもわからない．すなわち，時代遅れとなってしまって，せっかく開発した商品も販売のタイミングを逸することも考えられる．そこで，自社で開発する代わりに，すでに開発されている技術を社外に求めることにする．当然，「公募」または異分野業種も含めて特定の会社の技術に「白羽の矢」を立てることも起こり得る．いろいろと検討した結果，B 社のものがもっとも相応しいと判断でき，交渉の結果，B 社も技術供与に前向きとなった場合，両社間で契約書が取り交わされることになる．その結果，A 社は，B 社に対価を支払って技術を導入し，自社技術と組み合わせて，差別化商品を開発し，タイミングよく市場に商品を投入することができる（表 4.1 参照）．

　これによって，A 社は，以下のようなメリットが得られる．①新しい「商品」の開発を何年間か前倒しででき，タイミングを逸することなしに，早期に市場に投入できるので，高い市場占有率が期待できる．②上記により，B 社からの技術供与に伴う費用を支払ったとしても，研究開発費を大幅に節約でき，当然ながら研究開発のためのリスクも低減できる．③元々 A 社が蓄積してきた技術に，B 社からの技術を組み合わせて開発した商品を販売するので，自社技術の早期活用もできる，等が上げられる（表 4.2 参照）．しかし，その反面，競合会社に，商品の技術レベルがある程度わかってしまうというデメリットもあるので，オープン・イノベーションを行う会社では，他社から簡単に追い抜かれることのないようなある程度の高い技術力を有して

表 4.2　オープン・イノベーションによるメリット

①開発期間の短縮
②開発費の低減
③自社技術の活用
④商品の市場への投入時期
⑤他社との協力関係構築

いることが必要であろう．すべてを自社技術のみで開発するのか，あるいは他社開発の技術を導入すべきかは，決断に迷うところではあるが，「メリット・デメリット」をキチンと評価することによって，自社の利益確保のために柔軟でかつ客観的な判断を下すことが望ましい．

　要するに，オープン・イノベーションとは，これまでは自社技術のみで開発してきた商品を，いくつかの理由から，自社技術の活用はもちろんのことそれに加えて，他社技術の導入を行い，これらの技術をうまく組み合わせることによって，差別化商品を開発しようとするものである．ここで，従来行われてきた「技術導入」とオープン・イノベーションとの相違は，前者が主に外国の優れた技術を導入し，その導入した技術を基に国内で商品を生産・販売しようとするのに対し，後者の場合，国外や国内を問わず，自社でいまだ開発できていない技術を導入し，それに自社で培ってきた別の技術を組み合わせて，新しい商品を開発し，販売していこうとするものである．平たく言えば，オープン・イノベーションによって，1＋1→3にするようなもので，もっと積極的に活用しても良いと考えられる．

4.3　問題点と技術力の向上

　これまで，何度も繰り返し述べてきたように，会社を運営することは問題点（課題）との遭遇であり，それらの種々の問題点をキチンと対処することによって，技術力の向上を計ることができる．それらの問題点は，主に製造現場および使用現場で見つけることができるが，前者の場合購入する資材現場および加工・組立現場の場合がある．資材現場の場合は，通常他の会社で

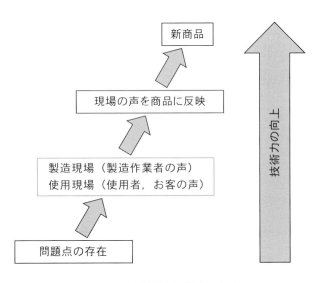

図 4.10　問題点と技術力の向上

あるので，資材の納入会社との協力関係が伴う．さらに，使用現場の場合，一般に多岐に渡るので，様々な意見となって反映されることになり，それらを取捨選択して，たとえば重要度の高いものから実行に移すように，「重み」を付ける必要もあろう．このようにして，現場の声を取り上げて，それらを商品に反映させることによって，一段と機能性等に優れた「新商品」の開発にも結び付けることが期待できる（図 4.10 参照）．

また，これまで述べてきた第 III ステップやオープン・イノベーション等によって，さらに期待できることが起こり得る．それは，技術力は万能であるとは言い難いことである．すなわち，技術力と言えども，壁（障害物）にぶつかる場合がある．これを力任せに乗り越えようとすると，極めて大きなエネルギーが必要となるが，創造力やオープン・イノベーション等の力に支えられることで，このような壁を乗り越えられることも起こり得る（図 4.11 参照）．これを，トンネル効果と称することにする．トンネル効果でもって，技術の壁を乗り越えて，従来の延長上にない商品を開発することも可能である．

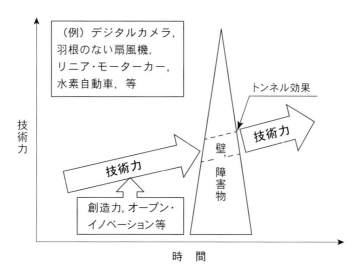

図 4.11　技術力で壁を破る手法

5 技術を支える基盤

　技術力の重要性および技術力の確立のための三つのステップについてもすでに言及してきた．本章では，技術力確立のための基盤（ベース）となる研究・開発について言及する．すでに述べてきたように，技術力確立は，会社の特別な部門だけが負うべき仕事ではなく，その会社に所属する全社員が一丸となって，それぞれの職場で，業務を通じて創意工夫し，それを実行することによって成し遂げられる，という能動的な意識を持って臨むことが一番理想的である．とはいうものの，技術力確立のために専門的に行う「中核となる部門」も必要であろう．それが「研究・開発部門」である．

5.1　研究と開発および技術の関係

　言うまでもなく，研究と開発とは異なる．図 5.1 に，研究・開発および技術について示している．これからわかるように，「研究（Research）」とはよく調べて真理を究めること，純粋な知的行為であると考えられる．それに対して，「開発（Development）」とは，知識を開き導くことであり，そこから得られた知識を人間の生活に役立つようにすること，実用化することを狙いにしている．すなわち，研究を基盤にして，そこから得られた知的価値を具現化し，人間生活に活用するために，製品，商品の形に変換しようとするものである．換言すれば，工夫して人間生活に役立つようにすることであり，実用化することである．

　上記のように，研究とは，よく調べて，真理を究めることである．開発とは，知識を開き導くこと，生活に役立つようにすることである．したがって，「研

> * 研究(Research)：良く調べて真理を究めること．
> * 開発(Development)：工夫して人間生活に役立てるようにすること，実用化すること
>   →研究開発(R&D：Research & Development)．
>
>
>
> * 技術：自然の事物を改変・加工し人間生活に活用する技
>   →研究によって得た成果を，開発に反映させて，「商品」を販売し，利益を生み出す技．

図5.1　研究，開発および技術

究開発(Research & Development, 略してR&Dと称する)」とは，研究によって得た成果を，開発に反映させて「商品」を製造・販売し，利益を生み出すことである．しかし，現実において，会社では，どこまでが研究でどこからが開発であるのか，その範囲に区別をつけがたいのも事実であろう．そこで，通常は一括りにして「研究開発」という表現が使用されている．したがって，本章でも，とくに研究と開発とを分けることなく，研究開発の文字を使用することにする．

　一方，「技術」とは，物事を巧みに行う業，技巧，技芸，科学を実地に応用して，自然の事物を改変・加工し人間生活に利用する技である．換言すれば，研究によって得た成果を，開発に反映させて，「商品」を販売し，利益を生み出す技であるともいえよう．それゆえ，研究成果をベースにして，人間生活に有用となるような商品を開発する能力が「技術力」であると考えられる．したがって，たとえば製造業の会社に所属する社員は，全員何らかの形で，商品の製造に関与しているので，それぞれの職場で各自の業務の遂行を通じて，技術力の向上に参画する責務がある．以上のことなどからわかるように，研究，開発および技術は，お互いに密接な関連性を持っていると考えられる．

5.2 研究開発の基本

図 5.2 に，研究開発の基本を示す．「研究開発には，研究所または研究開発部は不要である」と記しているが，この意味は，「研究開発を行うにあたって，研究所または研究開発部はなくともやっていける」という意味であって，「上記の部門は要らないから廃止してしまえ」という意味では決してない．会社に，すでに研究所または研究開発部が設置されているのであれば，わざわざ廃止する必要はない．むしろ，せっかく設置されている部門をこれまで以上に大いに活用すべきであろう．しかし，いまだ設置されていないのであれば，お金がかかり，かつお金をかけた分だけ回収できるかどうかわかりにくいそのような部門を強いて設置しなくとも実質的な成果を上げることができないわけではない．

たとえば，設計部門の一部に，事実上，研究開発や品質保証を担当している課を設けている会社もある．幸いにも，研究開発部門を設置できるだけの余裕があるのであれば，早期に設置して研究開発能力を高めることをお勧めしたい．要するに，意識の問題であって，会社ではあらゆる部門で問題を抱えているので，それぞれの部門で，抱えている問題を解決するために，叡知

```
「研究開発」に
研究所または研究開発部は不要！
　（これらの組織がなくとも可能），ある場合は積極的に活用すべし
```

```
首から上の「頭」が重要！
創意・工夫と実行が基本
→あらゆる部門で研究開発を行うことができる
複数部門にまたがる件は，経営幹部の責任
```

図 5.2　研究開発の基本

を働かせる必要があることを強調したい．研究開発は，研究開発部門だけしか行ってはならない，というような狭い考えにとらわれてはならない．とはいうものの，一般的に，その会社が製造している「商品」にスポットライトが当りやすいために，商品の製造に直接関係する部門の研究開発成果が最も注目されやすいのも事実であろう．しかし，間接部門であっても，大なり小なり問題を抱えており，それらの問題を解決することによって，収益の向上に寄与することができる．それぞれが創意工夫をこらして，かつ実行することで，会社のあらゆる部門で研究開発を行うことができる．少なくとも，その会社に属する全社員が，社内のあらゆる部門において，常に研究開発を志すべきであるという「意識」を抱いて，毎日の業務に精励することが肝要であろう．重ねて言えば，「創意工夫」と「その実行」，これが研究開発の基本中の基本であると声を大にして主張している次第である．

5.3 研究開発の重要性

すでに1章で，技術力が重視されるようになった背景について，記述してきた．従来のように外国の優れた技術を導入し，それらを発展させて，さらに「独自の商品」を開発し，それらを輸出することによって，経済発展を行うような手法は，すでに過去のものとなっている．1990年代初頭から現在まで，「失われた20年間」と評され，バブル崩壊後，わが国経済はデフレーションに突入してしまった．経済成長率は1％台程度，もしくはマイナス成長となり，残念ながら経済的発展はその間ずっと停滞したまま推移してきた．いまさら振り返ってみても遅きに失するかもしれないが，その間，わが国の優れた「技術力」とそれをうまく活用するような「政策が実行」されていたならば，このような長期にわたる経済的停滞は発生していなかったのではないかと考えられる．それでは，どのような手法をとれば良いのであろうか．なお，研究開発の重要性については，参考文献1）でも言及している．

5.3.1 研究開発は技術力の生みの親

すでに述べてきたように，わが国のとくに製造業において，技術力を常に向上させて，それを商品に反映させることにより，差別化した商品を市場に投入し，そこで得られた利益を確保し，その一部を再び研究開発費に回して，より優れた商品を開発して，市場に投入することを繰り返す．このようなサイクルでもって，技術力の蓄積を計るとともに，経済的発展を計るしか方法は残されていない（図5.3参照）．そのような技術力向上のステップに関しては，すでに4章で記述してきた．技術力向上のステップ・アップを計るために，あるいは技術力の向上をより継続的で強固なものとするためには，「研究開発」が欠かせない．なぜならば，技術力向上のために，種々の問題（課題）に取り組み，それらを解決しなければならないが，問題解決のための手段として，研究開発は不可欠であるからである．すなわち，研究開発抜きにしては，種々の問題をすべて解決することは困難であるからである．もちろん，研究開発を行っていても，すべての問題を解決できるとはいえないが，いずれにしても，研究開発は，技術力の生みの親とも言うべき存在であるのは間違いないであろう．よりわかりやすく，自動車にたとえて言えば，研究開発部門は会社を動かす「エンジン」に相当すると考えられる．

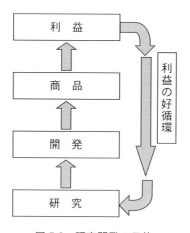

図5.3　研究開発の目的

5.3.2　正の循環と負の循環→金は天下の回りもの

　研究開発を行いたいが，第一お金がない，と嘆く経営者も少なくはない．確かに，創意工夫と実行が大事であるとはいうものの本格的な研究開発にはお金（資金）が欠かせない．お金がないから→良い技術を蓄積することができない→それゆえ良い商品を生み出すことができない→さらにそのために会社は利益が得られない，とこういった「悪循環」が繰り返されることになる．このような循環を「負の循環」と称することにする．この負の循環が繰り返されている限り，その会社の将来は期待できないであろう（図5.4の点線参照）．

　しかし，ここで何とかしてお金が工面できたとする．そのお金を使って→研究開発に注ぎこみ，良い技術を開発する→その技術をベースに良い商品を生み出すことができた→そして，良い商品を販売することによって，会社は適正な利益を生み出すことができた．生み出した利益の一部を研究開発予算に回すことによって，研究開発を続行し，さらに一層良い技術を蓄積し，それによって，さらに良い商品を開発し，一層の利益に結びつけることができ

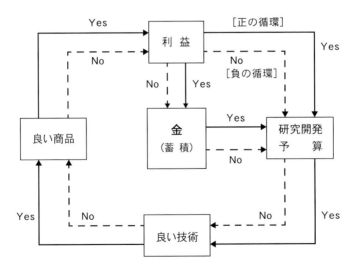

図 5.4　正の循環と負の循環（悪循環）

る．これを「正の循環」と称することにする．要するに，常に正の循環を行う必要があるのは言うまでもない（図 5.4 の実線参照）．問題は，正の循環を順調に行えるまでには，相当の時間的経過が必要であることである．

なお，研究開発に必要な資金を社内で確保するだけの余裕がない場合でも，それを確保する方法もあり，文献 2) を参照していただきたい．

5.4 研究開発の効率的やり方

商品を生産する工場とは異なり，研究開発部門は最も省力化しにくい部門の一つであろう．しかも，研究開発は，人手と資金をたくさんつぎ込んだからといって，それに伴う成果が必ずしも保証されているとは限らない．研究開発を行って商品化を進めてきても，途中で商品化に結びつかない場合も決して少なくはない．すなわち，研究開発部門は，他の部門よりもはるかに投資資金にリスクがつきまとう．とはいうものの，効率化の風潮は研究開発部門のみ例外と認めてくれるほど，世の中は甘くはない．

研究開発の効率化には，「人間の質」，「設備」および「研究開発のやり方」の三つの要素が重要であると考えられる．「人間の質」については，できるだけ研究開発を行うのにふさわしい優秀な人材を確保することで解決できるかもしれない．また，「設備」については，予算が許す限り，あるいは種々の助成金も考慮しながら，最新の研究・分析設備を設置することで効率化を図ることができやすくなると考えられる．したがって，以下には「研究開発の効率的やり方」について取り上げる．

5.4.1 研究開発のプロセス

図 5.5 に，研究開発のプロセスを示す．この図からわかるように，まず「問題提起」がなされる．この問題提起は，上司から示される場合もあり，あるいは顧客から言われたり，研究開発者自身が見つけてくる場合等，さまざまである．これらの問題をより充分に理解するために，「情報収集」を行う．情報収集には，特許調査や，商品の場合，すでに類似品が研究されていないか，

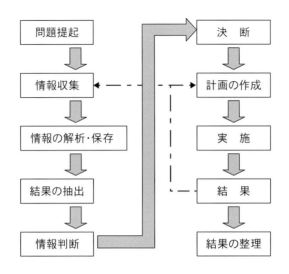

図 5.5 研究開発のプロセス

過去の研究状況も含めてできる限り幅広く調査しておく．それらの調査結果を解析し，まとめて「調査報告書」の形に記録・保存しておくことが望ましい．調査結果に基づいて，問題提起が妥当なものであると判断される場合，現在の景気動向や会社の置かれている立場など，諸々の条件を勘案し，問題に対して取り組むべきかどうか「決断」を行う．これは，研究開発部門のトップ，その前に社のトップクラスの承認が必要となろう．決断が下された場合，ただちに「研究開発計画の作成」に取り掛かる．計画には，少なくとも取り組むべき問題の具体像，関係する人員，研究開発費，スケジュール等が盛り込まれていなければならない．

　次に，研究開発を「実施」することになるが，必ずしも当初の計画通りになるとは限らない．むしろ，計画通りにならないことが多い．関係する人員，研究開発費，スケジュール等が狂ってきて，より多くの人員および研究開発費を必要としたり，あるいはスケジュールが大幅に遅れることも少なくない．研究開発は，やっつけ仕事ではないので，その「結果」は実際にやってみなければわからないことも多い．だからといって，研究開発計画の作成が意味

のないこととはいえない．結果が，当初の計画から狂ってきたとき，その都度関係者に説明して，修正をかけ，できる限りその理由についても記録保存しておくことが望ましい．ここで，お断りしておくが，これらのすべての項目を経なければ，研究開発に着手してはならない，ということを意味しているわけではない．必要に応じて，項目の一部を省略しても構わないし，必要であれば，記載されていない他の項目を付け加えても差し支えない．これらの項目は，あくまでも「目安」の一つである．このようなプロセスをたどることが，回りくどいやり方であると考える人がいるかもしれないが，結局は大局的に判断して最も効率的なやり方になると解釈願いたい．

5.4.2 研究開発の項目

(1)「問題提起」→研究テーマの選定

　会社の研究者等と仕事に関する話をする中で，研究開発テーマの選定に関する相談をうけることがある．一応，研究開発テーマをたくさん抱えてはいるが，毎年あまり変わり映えのしないテーマになってしまうとのことである．すなわち，研究開発には必ずしも何時までというはっきりとした期限がついていない場合もあり，また実際に研究開発に取り組んでみたら，次から次へと新しい問題が判明してきて，成果はある程度は得られるのであるが，成果の完璧さという点では，まだまだ明らかにしなければならない項目が生じてくるために，ずるずると時間を経過してきているとの悩みめいた相談である．このように，以前から引きずってきているテーマに関しては，やはり一応期限を切って，そこでまた新しいテーマに取り組むことが大事である．というのも，成果は出ているとしても，時間の経過とともに段々とその量は飽和してしまう傾向が強いからである（図5.6参照）．その際，今まで取り組んできていたテーマに関する報告書はキチンと整理して，また何時の日か誰でも取り出して活用することができるようにしておくべきである．

　次に，新しいテーマに関しては，図5.6に，問題提起の仕方の一例を示す．この図からわかるように，社会的ニーズ，商品の差別化，技術力の活用等のために，問題提起がなされる場合が多い．さらに，より具体的に示せば，テー

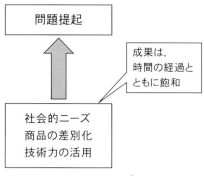

図 5.6　研究開発のプロセス -1

マの選定は次の 3 か所で容易に探すことができよう．それは，「資材現場」，「製造・加工現場」および「使用現場」である（図 4.1 参照）．たとえば，資材現場は，自社内での工程だけでなく，それを購入している他社の製造現場まで，眼を向けなければならない場合もあるので，必然的に他社の技術協力を仰ぐ必要も生じてくる．このような場合，資材製造会社との協力関係のもと，問題を解決する必要がある．さらに，製造・加工現場においても，現在の商品に関係する問題点を探り出すことも可能であろう．また，売り出された商品が，ユーザーで使用されている場合，ユーザーからのクレームも例えば販売窓口や品質保証部門に届くであろう．そこから，理想的，あるいは将来の商品の姿を描き出すことができ，それへの取り組みが立派な研究テーマと成り得る．いずれにしても，上記の各現場において，現場での立会，現場でのヒヤリング，作業者からのアンケート等を通じて，意見を寄せてもらい，それらを解析することで今後のテーマ掘り起こしを行うことができよう．そこから得られた結果に対して，おそらく複数の回答が得られるであろうから，ニーズ，コスト，難易度，会社の事情等を勘案しながら，重要度に応じて順位付けを行い，実行計画を立てる必要がある．

(2) 情報収集

　研究開発には，リスクがつきものである．したがって，具体的行動に移す

前に充分に問題に対する評価を行っておく必要がある．それには，まず「情報収集」が欠かせない．図 5.7 に，その具体的事例を示す．特許や技術論文，他社のカタログ，技術報告，新聞や書籍等，関連する資料をできるだけ幅広く取り寄せて，情報収集に努めることが望ましい．とくに，まったくの新製品といえども，それまでに多少なり類似品とも言うべき商品が売り出されている場合が多いので，これらに関する情報の収集は欠かせない．

(3) 情報の解析・保存

集めた情報は，解析し，保存する必要がある．解析した結果，問題に直接関係するような内容については，一次資料として次の工程で活用し，そうでない資料は二次資料として，将来への活用に備える（図 5.8 参照）．これらの資料は，原則として社内向けに公開し，社員であれば誰でも閲覧できるようにしておくことが望ましい．

```
┌─────────────────────────────────────────────┐
│ 情報収集                                     │
│                                              │
│ 特許, 新聞    技術論文   類似品の販売量&需要予測等 │
│ 他社カタログ  技術報告                         │
│ インターネット 書籍等                          │
└─────────────────────────────────────────────┘
```

図 5.7　研究開発のプロセス-2

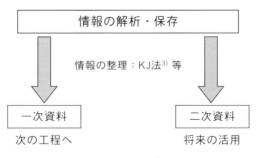

図 5.8　研究開発のプロセス-3

(4) 結果の抽出

情報を解析した結果, 問題提起の具体的姿が, より明らかになる. すなわち, 製造すべき商品の仕様が明確化される. これを「一次製品」と称して, 次の工程へと回される. さらに, 場合によっては, 当初予定していなかったような商品が現れてくる場合もある. しかし, これは「二次製品」として, 改めて問題提起にかけて図5.5に示すプロセスに乗せるか, あるいはしばらく保存した後に改めて検討するかは中味による. いずれにしても, いわゆる「瓢箪から駒がでる」との表現がふさわしく, 案外こちらの方がヒット商品となる可能性もあるので捨て難い (図5.9参照).

(5) 情勢判断

図5.10に示すように, 商品の中味を検討し,「開発コスト」の試算, 研究期間, 研究開発に携わるメンバーおよびその責任者などを内定し, 情勢判断も加味した上で, トップの判断→決断を得るための準備を行う.

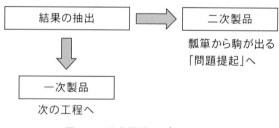

図5.9　研究開発のプロセス-4

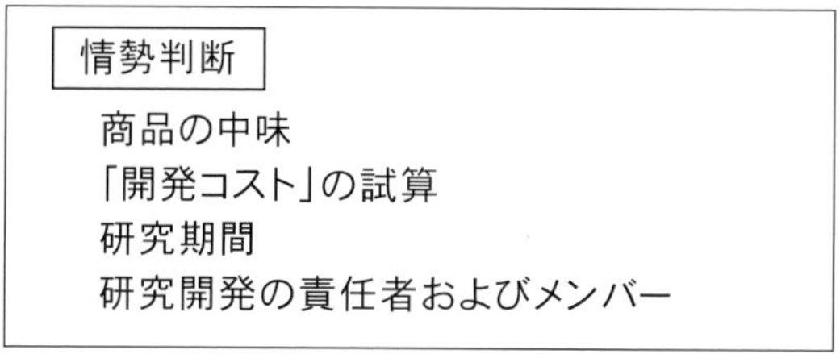

図5.10　研究開発のプロセス-5

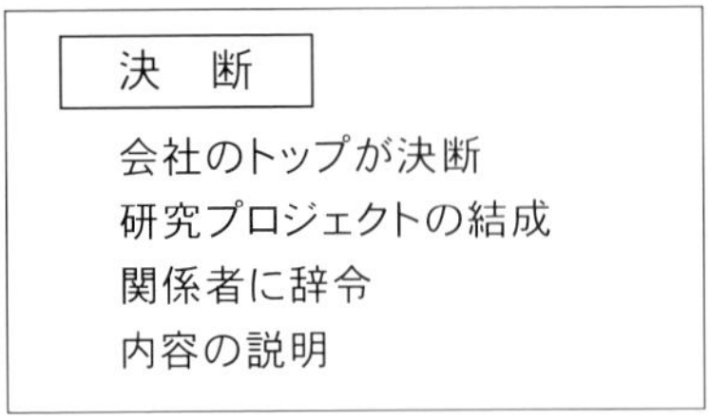

```
┌─────────────────────────┐        ┌─────────────┐
│      決　断             │        │  計画の作成 │
│   会社のトップが決断    │        └──────┬──────┘
│   研究プロジェクトの結成│               ▼
│   関係者に辞令          │   ┌──────────────────────────┐
│   内容の説明            │   │ 詳細な計画→遂行責任者   │
└─────────────────────────┘   │ 研究開発者：人数，役割分担│
                              │ 予算：いつ，いくら使用   │
                              │ スケジュール：何時までに，何を│
                              └──────────────────────────┘
```

　　　図5.11　研究開発のプロセス-6 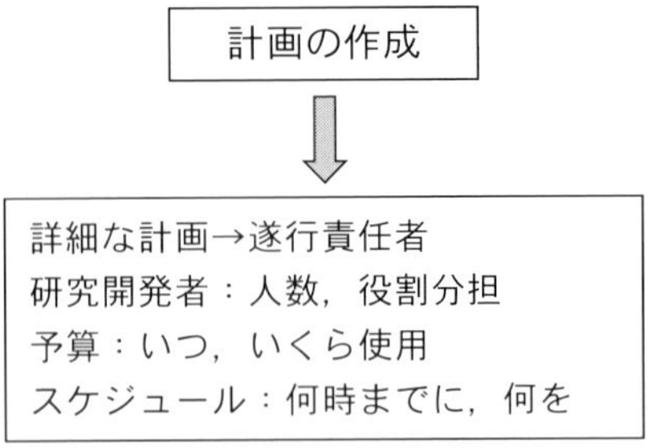　　　図5.12　研究開発のプロセス-7

(6) 決　断

　問題に対して，取り組むかどうかの最終判断を，企業のトップが行う．直ちに，研究グループまたは研究プロジェクトが結成され，関係者に辞令が交付される．それと同時に，改めて問題に関する内容の説明がなされ，関係者の情報の共有化が計られる（図5.11参照）．

(7) 計画の作成

　問題提起から，改めて社内的には公式に推進することが認められたので，詳細な計画の作成に取り掛かる（図5.12参照）．すでに粗い計画は作成されているので，それにしたがって中味のブレイクダウンである．そのため，それほど時間を掛けている余裕はないはずである．しかし，研究開発者の人数，予算およびタイム・スケジュールに関して，当初提示されたもの（図5.10との比較）に沿って実行できるかどうか，もしそのままでは到底無理であることが明らかになった場合，どうすれば解決できるのか，とくに研究開発責任者の能力が試される．

(8) 実　施

　研究開発に取りかかる関係者間で，問題の共有化を図った上で，それぞれの分担を決めることになる．時間さえかければ，どんどん実行できる内容のものもあれば，実際にいろいろと試行錯誤を繰り返さなければならないよう

図 5.13　研究開発のプロセス -8

なテーマもある．研究はやっつけ仕事ではない．それゆえに，仕事の途中で，壁にぶつかり，それ以上ニッチもサッチも行かなくなってしまうこともある．そのような場合，たとえば上司に相談したり，研究グループ内で議論したり，改めて文献を読んだり，さらには社外の専門家に意見を伺ったり，局面打開の方法はいろいろとある．俗に，「三人寄れば文殊の知恵」，あるいは「窮すれば，通ずる」というような言葉があるが，普段から「問題意識」を持って誠心誠意努力を繰り返していれば，当初とても解決できそうもないような難しい問題に当たっても不思議と時間が解決してくれるものである（図 5.13 参照）．筆者は，人間が作った問題を人間が解決できないはずがない，と考えている．ただし，「問題発生」から，「問題解決」までに，多少のタイムラグ（時間差）が生ずる．この間は，耐えるかあるいは他の問題に取り組むことで凌ぐことができると考えられる．いずれにしても，壁にぶち当たった場合，威力を発揮するのは「創造力」であるが，これは問題に当たってから，いわゆる泥縄式に取り組んでいては間に合わない．幸いにも，種々の創造力開発法が提案されており[3~5]，それらの方法を使って日頃から訓練することによって，そのレベルを向上させることができる，といわれている．

図 5.14　研究開発のプロセス -9

(9) 結　果

　研究開発チームの努力により，ほぼスケジュール通りに結果が得られたとする．場合によっては，当初の目的よりもはるかに素晴らしい結果に結びつくこともあるかもしれないが，むしろそんなに順調に進めることができなくて，途中いろいろと失敗の連続の方がはるかに多いのが実状であろう．しかし，1 回で計画通りに成功した結果を得るよりも，いろいろと試行錯誤の上に成功に結びつけた方が，その研究開発者のためになる場合が多いと思われる．失敗の概要については，研究開発者のメモ程度でも良いのででき得る限り記録に残しておくことが望ましい．さらに，結果に関しては，研究開発チーム以外の外部の評価を受け入れ，そこから明らかになった問題点は，商品化するまでに改善しておかなければならない（図 5.14 参照）．

(10) 結果の整理

　結果を整理して，各種資料を作成する必要がある．それには，「社内向け」および「社外向け」とに大別される．社内向け資料としては，研究開発報告書，社内報告等がある．社内報告は，たとえば社員向けの平易な表現で記載した資料あるいは技術報告書のようなものがこれに該当する．一方，社外向けには，特許申請，カタログ作成，新聞広告，論文発表等が考えられる．とりわけ，特許申請は，とくに重要であり，結果の整理のはるかに前の段階から取

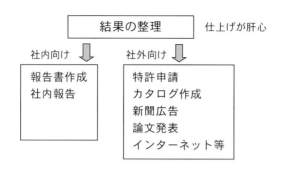

図 5.15　研究開発のプロセス -10

り組んで，申請しておくべきである．いずれにしても，仕上げが肝心であり，結果が出れば，研究開発者には次の仕事が待っているために，とても研究開発報告書の作成に割く時間がなくて，という場合も少なくはないが，貴重な財産の一つであると考えて，ぜひ時間をやり繰りして完成しておきたい（図5.15 参照）．

5.5　創造力の発揮

　企画された商品を開発するための研究開発を遂行していくにあたって，それが計画通りに行われることは極めて難しいのが普通であろう．というのも，研究開発は「やっつけ仕事」ではないため，所定の人数と時間さえかければ必ずやり遂げられるとは限らないからである．それゆえ，研究開発を行っている途中で，どうしても「壁」にぶち当たって，そこで業務が一時的に，停止してしまう場合が往々にしてある．このような壁をぶち破るのが，「創造力」であるといわれている．創造力は，また，研究開発を効率よく行うためにも有力な手段の一つでもあることは良く知られている．すでに，4 章でも述べているが，創造力によって技術力に立ちふさがる「壁」を飛び越すことも可能となる場合がある．すなわち，「トンネル効果」も期待できる（図4.11 参照）．ところで，創造力とはどういうもので，どうすればその能力を向上させるこ

とができるのか，実は必ずしも充分に知られていない．そこで，創造力を発揮するには，どのようにすればよいか考えてみよう．

5.5.1　創造力とは

　会社活動を継続的に行う場合，とくに商品開発等に関しては，創造力が必要でかつ重要であることは議論の余地がない．適正な訓練によってより効率的に創造力を発揮させることができると考えられている[3~5]．

　そもそも，創造力とは，新たな物を作り出す能力を意味する．創造の創は，「絆創膏」の「創」に通じ，新たなものを作り出すことに成功するためには，自分自身を傷つけるほどの努力が必要であり，いわば，「子供を産むときの陣痛の苦しみ」に似た過程を経ることによって成し遂げることができるのではなかろうか．他の言葉を借りれば，あまり良い表現とは言えないが，「刀創」や「銃創」の「創」を思い浮かべるとよい．すなわち，刀や銃を振り回せば，疵を負いやすい．しかし，疵を負うだけの犠牲を払っても，一生懸命精一杯の努力を行い，成功した暁には大きな喜びに包まれることになろう（図5.16参照）．「満身創痍」という言葉がある．創も痍も「疵」という意味であるから，全身が疵だらけという意味になる．すなわち，肉体的にも精神的にも疵だらけになり，ひどく参ってしまっている状態を指す．しかし，創造力の場

```
       創造力とは？

持てる限りの「叡智」を駆使し，
新たな物を作り出す能力，
創造の「創」は，絆創膏の「創」，
　［例］満身創痍，創も痍も疵の意味
陣痛の苦しみ→後に喜び，
精一杯の努力，一生懸命努力を
繰り返すことによって生まれる．
```

図5.16　創造力の定義

合，それを発揮しようとすると，確かに疵を負うが，喜びを伴う場合が多い．たとえば，スポーツの世界でも，何度も苦しい練習を行い，時にはけがや故障の苦しみの経験を乗り越えて初めて勝ち取った栄冠の喜びは何物にも替えがたいように，過酷な苦しみの代償として，その後の喜びをより大きく感ずるものである．思考の世界でも，精一杯の努力を行い，一生懸命に取り組み続けることによって，必然的に創造力が湧いてきて，良い成果に繋げることができるのではなかろうか．しかし，それにも訓練によって伸ばすことができる「コツ」のようなものが存在すると考えられる．以下に，1人でも創造力を向上させることができる方法と，グループで研修など必要とせずに，簡単に実行できる方法とを示す．

5.5.2 創造力の向上

(1) 三上の法則

さて，創造力を発揮するための個人的訓練として，「三上の法則」を紹介する（図5.17参照）．これは，古くは，床上，厠上および馬上と表現され，

三上の法則は，北宋時代（960～1127年），政治家，文学者，歴史学者でもあった欧陽脩が提言したといわれている．

三上の法則
床上：しょうじょう
厠上：しじょう
馬上：ばじょう

(注)床上の代わりに枕上（ちんじょう）を使用する場合もある．
良いひらめきを思いついた時：数百人の研究者に対するアンケート結果．
1日のうち，①夜，②明け方，③夕方の順

現代では

寝床の上：ふとんの中で
路上：歩いている時，散歩
車上：乗物に乗っている時

常に問題意識を持つ，
ひらめいたら，すぐに
メモを取る

図5.17　創造力の開発

これらの場所で良い「ひらめき」を得ることが多いといわれている．床上とは，寝床の中，厠上とは，厠(かわや)すなわち，トイレの中，そして馬上，すなわち，馬の背中に乗っているとき，である．現在においては，馬に乗ることはほとんど考えにくいので，車上(しゃじょう)，すなわち乗物に乗っているときであろう．自分で車を運転している場合は，常に前方を主に，そして周辺にも注意しながら運転していなければならないので，考えごとには適さない．ここでは，他の人が運転する車に乗せてもらっている場合や飛行機・電車やバスなどの公共交通機関に乗っている場合などであると考えるのが現実的であろう．事実，寝床の中で良い「ひらめき」を得ることが多いので，枕元にメモ用紙等を準備して寝る人も多いと聞いている．このようなひらめきを浮かべやすいのは，1日のうち，①夜，②明け方，③夕方の順となっている．要するに，創造力も当人の「前向きな心構え」と「訓練」とによって成し遂げることができるのは注目に値する．

(2) ブレーンストーミング
(i) ブレーンストーミングとは

ブレーンは（Brain，脳），ストーミングは（Storming，荒れ狂う，襲いかかる，かき混ぜる）．ブレーンストーミングとは，脳を活性化させること，

表 5.1 「ブレーンストーミング」の実施 -1

特　　長	簡単．異なった専門家集団でも可能，応用範囲に制限が少ない等
個人の独創力	各自の専門性の活用 →研究開発効率のアップ，高レベル効果の達成

　　　＋（プラス）

組織の力	多数のアイデアの中から選択 →ブレーンストーミング（Brain Storming） Storming；荒れ狂う，襲いかかる，かき混ぜる

と解釈すればよいであろう．やり方は至って簡単である．数人から10人程度までのグループが集まり，一つの問題に対し，意見を出し合うことで成立する（表5.1参照）．この特徴は，何よりも簡単で，異なった専門家集団でも可能であり，応用範囲に制限が少ないことである．個人の独創力＋組織の力を最大限に利用しようとするものである．個人の独創力は，各個人の専門性に立脚し，研究開発効率の向上とより高レベルの成果を達成しようとするものである．一方，組織の力は，多数のアイデアの中から最適と考えられるものを選択しようとするもので，問題に挙げようとするテーマに関してのみの知識さえあれば，ほとんど何の制限もないままに，組織の力を活用することができる．次に，ブレーンストーミングの実施に当って，若干の注意点について述べてみよう．

(ii) ブレーンストーミングの実施

　ブレーンストーミングとは，脳に嵐を湧き起こして活性化させ，今まで考えもしなかったような新しいアイデアを「個人の独創力と組織の力」との相互作用により，引き出そうとするものであるから，これができるような環境を設定する必要がある（表5.2参照）．そのためには，参加者全員が守らなければならないいくつかの項目がある．

表5.2 「ブレーンストーミング」の実施-2

①レベリング：参加者全員がテーマを確実に理解する 　　→レベルを揃える ②雰囲気：リラックスした雰囲気での実施 　　→ブレーンストーミングの効果アップ，合宿等 ③職場の上下関係：上司や部下の意識を外す ④アイデアを否定しない：出されたアイデアをその場で否定しないこと，奇抜なアイデア→独創的商品，副産物 ⑤次々とアイデアが出る雰囲気作り

①レベリング，参加者全員がテーマを確実に理解しておくこと

　　ブレーンストーミングを開始するに当って，まず問題とするべき「テーマ」に関して，充分に理解しておく必要がある．ブレーンストーミングのリーダーが，事前に用紙1枚程度にまとめておいたものを配布し，それを簡単に説明し，質問等に答える程度で準備はOKである．これがレベリングである．

②雰囲気

　　ブレーンストーミングの効果を最大限に発揮させるためには，何よりもリラックスした雰囲気で実施することが欠かせない．そのためには，たとえば職場を離れて，研修施設や合宿所のような，少し日常生活から隔離されたようなところを選んで，そこで合宿もどきで行うと一段の効果が期待できる．しかし，お腹が空き過ぎていたり，逆に満腹状態も好ましいことではない．ブレーンストーミングを始めて，かなり時間を経過しているのに芳しい成果が得られていない場合，軽い飲物を用意したり，あるいは適宜休憩時間をはさんでから，再開すれば思いがけない成果が得られることもある．

③職制の意識から解放

　　ブレーンストーミングの参加者には，専門性や年齢等の制限が原則として設けられていない．したがって，職場での職制もブレーンストーミングの場には持ち込まないのが普通である．たとえば，課長，係長などと呼び合っていては，本当の意味でのブレーンストーミングにはならないので，すべて名前で呼び合うように努めるべきであろう．また，部下にあたる人達も，課長や上司の前でこんな馬鹿な意見を述べては，その後の勤務査定に響くのではなかろうか，と考えたりするとせっかくのアイデアも出てこなくなる．また，上司の方でも，部下の手前何とか良いアイデアを提言して，彼らになるほどと思わせるようにしたい，と欲が出ると，逆にかえってアイデアの枯渇になりかねない．ここでは，上司や部下もいない，すべて対等の立場で，アイデアを出すようにしたい．

④出されたアイデアをその場で否定しないこと

ブレーンストーミングが開始されて，次から次へといろいろなアイデアが提言された場合，それらを黒板等に記載するとして，どのようなアイデアであっても，その場では否定しないことが原則である．ブレーンストーミングによる効果を期待する余り，現実に出されてきているアイデアがあまりにも期待値から離れている場合，つい「そんなのダメ」と否定したくなるが，絶対に否定してはダメである．とくに，そのグループにおける上司は，アイデアに対する批判をしたくなる気持は重々理解できるが，ここはぐっと我慢して否定せずに，むしろ「つまらんアイデア」と思っても，逆に「それはユニークである」というように誉めそやすべきである．そして，次から次へとアイデアが出てくる雰囲気作りに努めるとともに，自らも部下などから馬鹿げた意見だと思われようとも，頓着することなく，アイデアの提言に積極的に協力した方が良い．

　奇抜なアイデアは，本来のテーマに対して，結果的には有用でない場合もあるかもしれないが，独創的商品として後日その会社の主力商品の一つとして花が咲く場合もあるので，簡単に棄却することなく記録に留めておくことをお勧めする．すなわち，ブレーンストーミングにより思わぬ「副産物」が生まれる場合も決して珍しくはないのである．

⑤次々とアイデアが出てくる雰囲気作り

　ブレーンストーミングを行った場合，アイデアの出方にいくつかの傾向がある．(1) 最初，アイデアがいくつか出され，その後ばったりと止まってしまう場合，(2) 最初は少しであるが，段々と多くのアイデアが出される場合，(3) 最初に，パッとたくさんのアイデアが出され，その後ボツボツとなる場合，等である（図5.18参照）．上記 (1) の場合は，テーマがキチンと理解されていないのか，あるいはリーダーの雰囲気作りに問題があると考えられる．望ましいのは，(2) の場合であるが，(3) の場合でも構わない．(3) の場合，結論が不十分であれば，また後日再開すればよい．

(iii) ラベリングおよび結果のまとめ

　出されたアイデアの数には制限はないが，一般的には5〜10個/人以上で，

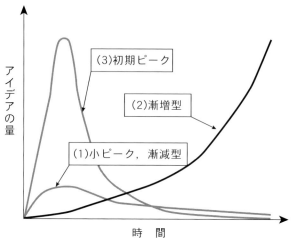

図 5.18　時間経過とアイデアの量

グループ全体として，最低でも 50 個は欲しい．したがって，10 人程度のグループであれば，50 〜 100 個程度のアイデアを整理する必要がある．まず，①これらのアイデアを小さな紙に記載する，ラベリングと称する．ラベリングした小さな紙を大きな 1 枚の紙にランダムに並べる．みんなで全体を眺めて内容を読みながら，似通ったもの同士だいたい 5 〜 6 枚を一つのグループにする，②小グルーピングと称する．どうしても小グループに属さない紙が発生した場合，そのまま独立していてもよい．小グループを代表する表札をつける，③小の表札作り．すべての小グループについて，表札をつける．次に，小グループの表札を全体的に眺めながら，似通っているもの同士をくっつける，④中グルーピング．次に，中グループを代表する表札をつける，⑤中の表札作り．これで，中グループの数は数個に絞られてくる．さらに，中グループの全体を眺めながら，お互いの関係を意味する表示を行う，⑥相互関係の表示．これらの過程において，上記の独立して存在していた紙もどこかに含めることができればそのようにすればよいが，無理矢理にグループの中に含める必要はない．最後に，相互関係の表示をすべて眺めながら，これらの表示から⑦全体のまとめを行う．全体のまとめは，何も一つには限らず，

表 5.3 「ブレーンストリーミング」の実施 -3

```
① ラベリング
② 小グルーピング
③ 小の表札作り
④ 中グルーピング
⑤ 中の表札作り
⑥ 相互関係の表示
⑦ 全体のまとめ
⑧ 結論 → 成果のまとめ
```

複数個あっても構わない．全体のまとめから，⑧結論，成果のまとめへと至る（表 5.3 参照）．

5.6 優等生と独創性

　一般に，優等生であれば，独創力に富んでいると思い込み勝ちであるが，事実は必ずしもそうとは限らない（図 5.19，表 5.4 参照）．なぜ優等生であるか，その理由を考えてみれば，このことが良く理解できる．優等生であるのは，①まじめに勉強に注いだ時間が多かったから，②①にも関係するが，塾でよく勉強したから，③元々，暗記力に優れていたから，④授業時間中，居眠りもせずに集中して聞いていたから，等の理由が考えられる．これらの理由のうち，独創力と直接関係があるのは，どれであろうか．どれも，独創力とそれほど密接な関係があるようには思われないが，強いて挙げるとすれば，④授業中，居眠りもせずに集中して聞いていたから，の項目が関係するかもしれない．すなわち，優等生と独創力とは，それほど密接な関係があるのではない．試験において，良い成績を挙げることと，いままでにないような新しい物を生み出す能力とは，直接的には関係がないといえよう．しかしながら，いままでにないような新しい物を生み出すためには，ある程度現状を理解しておく必要がある．

　優等生と言われる人に独創性の乏しいのが目立つ場合も多い．これは，受

験勉強の弊害のせいだという指摘もある．受験雑誌の暗記や問題回答の受け売りのみで，独創性が身につくとは考えられない．逆に，立志伝中の人物と言われる人に，育った家庭が経済的にも恵まれず，したがって学歴もないが，独創的なアイデアや根気と努力とで，今日の地位を築き上げた場合が多い．優等生が必ずしも優秀とはかぎらないが，少なくとも教育によって，基礎知識を身につけており，潜在能力は充分に備わっているので，後は「自分で考える訓練」さえ行えば，創造力を高めることは，それほど困難なことではない．

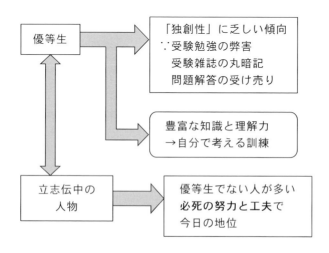

図 5.19　優等生と独創性

表 5.4　優等生と独創性

① 俗に「優等生」といわれる人に独創性の乏しいのが目立つ，これを受験勉強の弊害だとの指摘もある．受験雑誌の暗記や問題解答の受け売りのみで，独創性が身につくとは思われない．
② 逆に，立志伝中の人物といわれる人に，独創的なアイデアと努力で今日の地位を築き上げた場合が多い．
③「優等生」必ずしも「優秀」とは限らないが，少なくとも潜在能力は備わっているので，「自分で考える訓練」をつけているかどうかに関わっている．

5.7 社員研修は技術力向上のためのビタミン剤

　日々に変化している社会構造にしたがって，社員も一人一人が変革していかなければならない．とにかく，以前のことをそのまま踏襲していて，永遠に続けられることはあり得ない．たとえば，「うちは，創業以来 100 年以上つづく老舗です」と胸を張って誇示するのを見かけることもあるが，京都ではその 2 倍や 3 倍以上の老舗がざらにある．それゆえ，100 年程度では「老舗」とはいわない，と聞いている．いずれにしても，創業以来長い歴史を重ねてこられたのには理由が存在する．それは，常に生き残るために「創意工夫」と「実行」に努めてきたことにほかならない．そのための方策の一つとして「社員研修」も行ってきたであろう（図 5.20 参照）．

　社員研修の効能は，社員の知識を豊かにすることで，社員一人一人のレベルアップを計ること，社員の仕事に対するモチベーションを高めること，全社的社員研修では，研修を通じて他部門の人達とも知り合う機会ができ，研修後の意志疎通の幅が広がること，等多くのメリットがある．人に，ビタミン剤を投与する場合，一度に多量に投与するよりも，少しずつしかし継続的

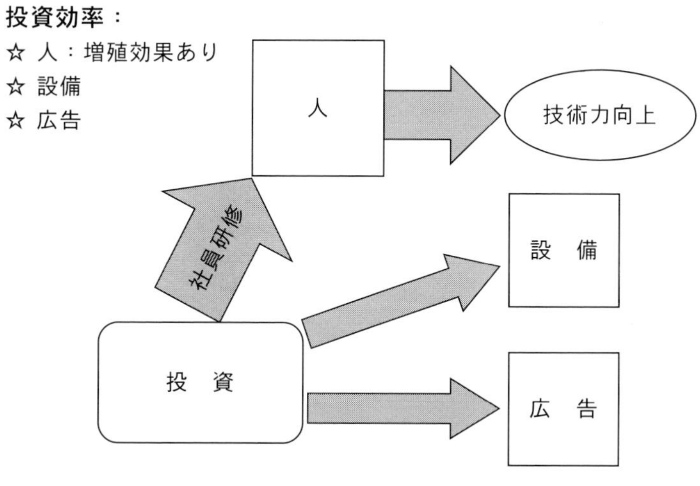

図 5.20　企業は人なり→人材育成こそ鍵

に投与する方がはるかに効果的であるのと同様に，社員研修も集中的に行うよりも，必要に応じて継続的に，できれば年間を通じていつでも研修できるようなシステムを備えておくことが望ましい．社員研修といえば，定時以降の夕方の時間，あるいは土日祭日の休日を活用した，いわゆる業務に支障を来たさないような研修を思い浮かべがちであるが，最近は，会社の就業時間の前を利用して，たとえば，就業時間が午前9時からの場合，朝7時30分から開催され，1時間半の研修に参加し，就業時間にそれほど食い込むことなく，通常の業務に戻れる「早朝研修」なども人気を得ていると聞いている．いわゆる「朝活研修」である．多少，眠気を感じるときもあるかもしれないが，前日に早めに寝床に入っておけば，むしろ朝起きた時にすっきりと目が冴えており，早朝のために不意の電話や突然の訪問客等に妨げられることが少なく，効率的な研修時間を持てるのではないかと考えられる．「継続は力なり」と言われているように，少しずつの努力でも，それを続けることによって目立った効果が表れる．

5.8 研究開発と商品との関わり

先に述べたように研究と開発とは異なる．しかし，「研究開発」という言葉がよく使用されるように，どこまでが研究で，どこからが開発であるのか，現実的には区別がつきにくいのも事実であろう．革新的な商品を開発しようとすればするほど，単に開発的なことだけをやっていて達成できるとは限らない．むしろ，かなり研究的な要素をクリアして初めて，新しい技術を開発し，それに基づいてよい商品を開発できる場合も少なくはない．すなわち，良い商品の開発は，キチンとした基礎技術の習得の上に成り立つ場合がほとんどであるといっても過言ではないであろう．

表5.5に，研究・開発および技術について，標記している．この表からわかるように，研究とは，良く調べて，真理を究めることであり，純粋な知的行為であると考えられる．また，開発とは，知識を開き導くことであり，そこから知識を人間の生活に役立つようにすることを狙いにしている．すなわ

表5.5　研究・開発および技術

研　究	良く調べて，真理を究めること．
開　発	知識を開き導くこと，生活に役立つようにすること．
技　術	物事を巧みに行う業，技巧，技芸，科学を実地に応用して，自然の事物を改変・加工し人間生活に利用する技． ⇒研究によって得た成果を，開発に反映させ，「商品」を販売し，利益を生み出す技

ち，研究を基盤にして，そこから得られた知的価値を具現化して，人間生活に活用するために，製品，商品の形に変換しようとするものである．すでに1.3節で述べたように，技術とは，「物事を巧みに行う業，技巧，技芸」であり，また「科学を実地に応用して，自然の事物を改変・加工して人間生活に利用する技」である．

図5.21に，研究・開発と商品との関わりを示す．図の左側に，研究と開発を分けて並べており，右側には，学問（科学→工学），技術，製品および商品を縦に並べている．さらに，研究は「なぜそうなるのか」という真理を

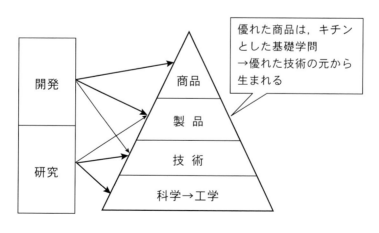

図5.21　研究・開発と商品との関わり

明らかにする分野と深い関わりを持っている．一方，開発は，真理を明らかにすることによって得られた知識を活用して，人間に有用な商品を生み出すことに関与していることが理解できよう．いずれにしても，「良い商品」の開発は，基礎技術の習得の上に成り立つことが知られている．ここで，良い商品とは，他社との差別化された商品であり，かつ好調な販売が永続的に期待できるような商品であると考えられる．すなわち，差別化商品は，いわゆる安売り合戦に巻込まれることがないので，適正な利益を見込んだ価格で販売することができ，長い商品寿命が期待できよう．

5.9　お客様志向主義

　これは，研究開発と関係する言葉であるためにこの節で取り上げることにする．というのも，たとえば新商品を開発しようとした場合に，通常はメーカーが単独でしかも秘密裏に開発し，商品化できた段階で，マスメディアを通じて，あるいは直接ユーザーにPRを行い，出来上がったばかりの新商品の販売促進を計っていく．ところが，お客様志向主義とは，このような方法とは異なり，最初から特定のお客様（ユーザー）と連携して新商品を開発して行こうとするやり方である（図5.22参照）．したがって，新商品には，ユーザーの意向が十分に反映されたものであることは言うまでもない．さらに，開発された新商品は，まずは一緒に開発してきたユーザーに真っ先に採用されることも，少なくとも暗黙の裡に，あるいは契約条項の中に盛り込まれていると考えられる．メーカーとユーザーとの間に，最初に契約を交わした後に商品を開発する場合も多いが，長年の信頼関係をベースにして，特に文書による契約書を交換せずに商品開発を行う場合も少なくはない．

　このようなやり方であれば，新商品の開発にあたって，メーカーはメーカーサイドでかかった費用を負担する代わりに，ユーザーは「試作品」の評価を通じてかかった費用を分担するのが普通である．また，メーカーは，試作段階で，ユーザーサイドから使用データの提供を受けることにより，種々の問題点を解決したりできるので，実機ベースでより具体的なデータの蓄積を行

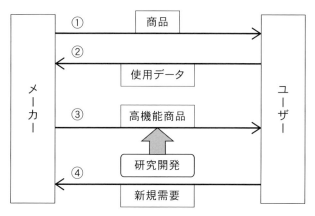

ユーザーの潜在的ニーズの把握→新規需要の開拓

図 5.22　技術力確立とお客様志向主義

うこともできる．この方法は，以下のようなメリットがある．
(1) 新商品の開発にかけるリスクを極めて低く抑えることができる．
(2) 試作品の段階で，問題点をチェックしながら開発を進めるので，出来上がった商品はほとんど完璧に近いものとなる．
(3) 開発した商品は，直ぐにユーザーに使用（試用）してもらえる．
(4) メーカーとユーザーとの技術の共用により，相互信頼関係の構築ができる．
(5) 開発費の低減および開発期間の短縮を計ることができる．

その反面に，以下のような問題点も存在し得る．
(1) 開発した商品にはユーザーの意向が強く反映されているために，現状の商品を改善したようなものが多い→画期的な商品開発に至らない場合が多い．
(2) 契約条件にもよるが，開発した商品の販路が限定される場合が生ずる．
(3) メーカーの有するノウハウがユーザーに漏れる恐れがある．

5.10 現状で自己満足をするな

　創意工夫と実行により，当初完璧であると思われていた「新商品」も，時間が経つにつれて，種々の問題点が明らかになることは珍しくない．それは，時代の変化による場合も少なくはないが，要するに世の中は絶えず変化していることに気が付かなければならない．いくら優れた商品を開発して，それが好調な売れ行きを示しているからといって，それがいつまでも続くとは限らない．すなわち，現在は好調であるからといって，それに満足して，あぐらをかいていては，気がついたらいつの間にか，世間の流行から取り残されていた，というような状況に陥る恐れも生ずる．したがって，一つの商品の開発が終わったら，その商品の売れ行きやユーザーなどの評判を収集して，現状を分析しながらも，研究開発者は，次のターゲットについて，具体的目標を定める必要がある．すなわち，技術力の向上には，継続的な創意工夫＋実行の積み重ねが必須・不可欠である（図 5.23 参照）．

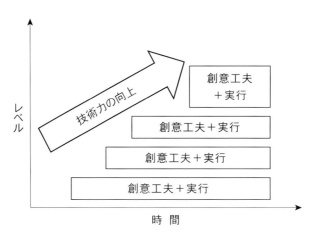

図 5.23　技術力の向上

参考文献
1) 西田新一，斉藤勝一：上手な技術・商品開発マネージメント，日刊工業新聞社，（1994）．
2) 同上，pp.237．
3) たとえば，KJ 法，川喜田二郎，牧島信一：問題解決学—KJ 法ワークブック，講談社，（1970）．
4) KT 実践マニュアル，ケプナー・トリゴー日本（Kepner・Tregoe）社，（1981）．
5) 糸川英夫：独創力—他人のできないことをやる，光文社，（1984）．

6 製品と商品

　製造業の場合，「製品」を作り，「製造原価」に適正な利潤を上乗せした価格で製品を販売することによって，会社経営が成り立ってくる．製造される製品には，当然コストがかかっており，これらに適正な利潤を加味した金額が「販売価格」として提示され，市場で売れれば理想的であるが，現実的には必ずしもその通りにならない場合が多い．とくに，競争相手が目下販売している商品の類似品を，より安い価格で販売しているような場合，いくら品質面で頑張ったとしても，価格を高く設定していれば，販売に大きな支障が生じてくるのは自明であろう．そのような場合，止むを得ず，場合によっては製造原価を下回った価格ででも販売し，在庫品を一掃してしまわなければならない．工場で出来上がった品物が「製品」で，これが市場に出回って売られるようになれば「商品」となる．すなわち，製品と商品とでは異なる．まずは，「製品」と「商品」とについて触れてみよう．

6.1 製品と商品

　一般的に，「製品」と「商品」とは，用語的にほとんど区別されずに使用されている場合が多い．製品と商品とは同じ物ではないのか，と思う人がいるかもしれないが，両者は明らかに差があると考えられる．すなわち，「製品」とは，ある課せられた「前提条件を満足するように作られた物」であって，それが市場で競争力を有しているかどうかは問題ではない．要するに，必要な性能さえ満足しておれば良いと考えられる．それに対し，「商品」は，「課せられた前提条件を満足していること」はもちろんのこと，同時にそれ

が「市場で販売された場合に，競争原理に耐えなければならない」ので，それだけ厳しい環境に曝されている（図 6.1 参照）．したがって，ある製品が商品となり市場で販売された場合，当初はそれなりの競争力を有して売れていても，途中から全く売れなくなってしまえば，市場から撤収されてしまい，商品ではなくなってしまう．それゆえ，ある会社にとって，製品は何時までも製品であり続けることができるが，商品はその会社の製品の一つであっても，いつまでも商品であり続けることはできにくい．換言すれば，「製品」は，会社の中に存在している場合で，「商品」は，会社の外に搬出された場合の呼び名であると考えても良い．言うまでもなく，製造業では，「製品」を作るのではなくて「商品」を作る必要がある．すなわち，商品は，使いやすさ，見た目のデザインおよび耐久性や安全性，さらに信頼性等の諸特性を有している必要があるのはもちろんのこと，とくに価格において市場競争力を有していなければならない．また，市場に出された商品はいつまでも売れ続けてくれればそれに越したことはないが，そのようなことはあり得にくい．さらに，そのような商品においてもいくつかの問題点が発生する．多くは，実際にその商品を使用したことのあるユーザーからの指摘あるいは要望という形で意見が寄せられるであろう．このような指摘や要望を満足させようとして，当初の商品にも改良が重ねられ，あるいはより高機能を備えたまったく別の商品として新たに生まれ変わる場合も少なくない．すなわち，どのように優

製品とは：所定の形状および性能などを有している完成品．
　　　　　これが市場で売れるか，売れないかは問題ではない．
商品とは：所定の形状，性能を有し，かつ市場性を有している完成品．**市場で競争力のある製品．**

会社では，「**商品**」に値する「**製品**」を製造する
会社では「製品」，社外に出ると「商品」

図 6.1　製品と商品

れた商品でも，それが生産されたときからすべて「有限の寿命」しか有していないのである．ただ，一般的に優れた商品は，そうでないものよりも，それだけ寿命が長い可能性が高いという特徴があると考えられる．繰り返しになるが，製造業において，「製品」を造るのではなくて，「商品」を造ることが大切である．できるだけ，息の長い「商品」を造るためには，技術力が欠かせないことは言うまでもない．

6.2 物づくりの原点
6.2.1 商品の製造

製品と商品の違いが理解できたところで，物づくりの原点について，考えてみよう．物づくりとは，「製品」を生産し，それを「商品」として販売し，それにふさわしい「利益を確保」することによって，継続的な会社運営を計ることであろう（図 6.2 参照）．ところが，現実的には製品を生産しても，生産量に対応して販売できるとは限らない．また，商品が売れることは売れても，必ずしもその生産にかかった費用に適正利潤を加味した値段で売れる

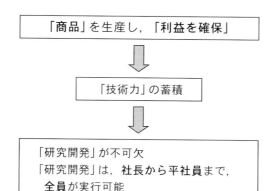

図 6.2　物づくりの原点

とは限らない．同業他社がより優れた商品を，格安の値段で販売するようになれば，今まで生産していた商品を継続的に販売するためには，それ以下の値段で，極端な場合，製造原価を下回った値段に下がってしまっても販売せざるを得なくなってしまう．一方，ある程度の雇用を確保するためにも，工場を動かし「商品」を生産し続けなければ会社運営が成り立っていかない場合もある．すなわち，物づくりの原点である製品を生産し，それにふさわしい値段で商品として販売することすら，現実的にはかなり難しいことである．

たとえば，家庭電化製品で，テレビの場合を想像すれば，そのことが良く理解できるであろう．大型画面のテレビが発売当初数十万円もの価格であったものが，それから2〜3年もしないうちに，数分の1の価格にまで下がってしまう場合も珍しくはない．これは，市場原理によってそのようになっていると考えられるが，たとえ現在利益が得られている値段で販売できていても，それがいつまで続くのか極めて見通しがつきにくい状態となっている．そのために，残念ながら，日本の家庭電化製品のメーカーは，テレビ等に関して，国内での生産から撤退せざるを得ない状況となっている．

6.2.2　良い商品の条件

良い商品は，それから生み出される利益と大いに関係すると考えられる．商品の価格は，言うまでもなく製造原価に適正な利潤を加味して決定される（図6.3参照）．メーカーとしては，その価格は何時までも現状維持のまま推移してほしいと希望するであろう．しかし，現実には価格は低下していくのが普通である．

それでは，「商品」を生産し，それを販売して，それにふさわしい「利益を確保」するには，どうしたらよいであろうか．それには，まず「商品の質」が問題となってくる．すなわち，同業他社がより優れた商品を開発して販売する前に，少なくともそれ以上の「高品質な商品（差別化商品）」を開発しておく必要がある．そのためには，常に自社の「技術力の蓄積」が重要であろう．また，技術力の蓄積のためには，そのベースとなる「研究開発」が不可欠である（図6.4参照）．

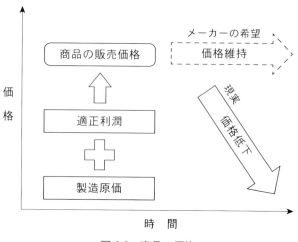

図 6.3　商品の価格

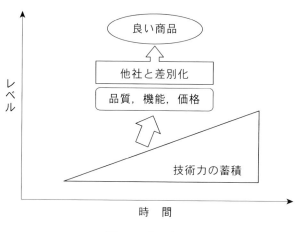

図 6.4　良い商品

　ところで，研究開発といった場合，研究所または研究開発部のみが行う仕事であり，他の部門は関係ないと考えている人がいたら，ぜひ認識を改めていただきたいと考えている．なるほど，研究開発部門の人達は，専門的見地から研究開発を行うことを業務としているが，会社の技術力というのは，研

究開発部門のみから生み出される技術的な力を意味しているのではないのは当然である．技術力は，その会社が有する技術に関する「総合的な力」を意味する．したがって，研究開発に関しても，社長から平社員に至るまで，部門別では，企画から，購買，製造，検査，設備，営業，品質保証，総務，経理，人事等の各部門で，それぞれの立場に立って，社員全員が，多かれ少なかれ，実行可能であると考えられる．問題は，良い成果を提言し，採用された場合，キチンとその対価が支払われているようなシステムを構築しているかどうかが重要である．

　たとえば，ある会社に門が東西南北四つあり，門に詰める守衛さんが現在32名いるとする．これらの門は，それぞれ向きが異なるので，全て閉鎖することができにくい．ところが，定時後の夕方から翌朝の間は，自動車の出入りが非常に少なくなることに注目して，夜間自動車の出入りには，東門と西門のみに限定し，南門と北門とはカード方式を採用することにより，人および自転車のみの通行に制限することで無人化することができる．もちろん，無人化された門には，安全上監視カメラや訪問者との無人応答システムの設置等を図る必要があるのは言うまでもない．このようなシステムを採用することで，守衛さんの数を半分の16名に減らすことができるようになったとする．すると，この方法が採用されて，それを提案した守衛さんも含めて，16名の守衛さんが首になってしまった．このようなことがあってはならないのである．当然，それを提案した守衛さんは，しかるべく別の部門で，昇給および昇格して業績をたたえるような人事評価システムを構築しておかないと，普段から良いアイデアは提案されなくなってしまう．要するに会社のために利益になるような提案をした者が，真っ先に不利益を蒙るようになってはならないし，逆にそれ相応に評価される制度を設けておく必要がある．

6.3　望まれる商品

6.3.1　研究・開発と商品

　研究・開発と商品とのかかわりについては，すでに5章で述べているので，

ここでは詳細に述べることは控える（図5.21参照）．その図からもわかるように，研究は，科学，ひいては工学および技術と密接に関係しており，製品にも強い影響を与えていることがわかる．一方，開発は，とくに製品・商品と強く関係しており，技術にも影響していることが理解できる．いずれにしても，良い商品の開発は，基礎技術の習得の上に成り立っていることが理解できよう．というのも，商品の開発は，一つだけ開発していれば，会社の経営は安泰であるというようなことはあり得ないからである．現在売れ筋の商品を開発していたとしても，何年か後にはそれが売れなくなることも予想され，継続的に会社を運営していくためには，次から次へと絶えず市場のニーズに応えるような「新商品の開発」を継続していかなければならない．そのためには，技術力も備え，技術力の裏づけとなる工学，さらには科学の知識の習得に努めていなければならないことが理解できよう．

6.3.2 商品トラブルとその対応例

　最初から，トラブルを起こす恐れのある商品を市場で販売することは良識ある会社では考えられないことである．しかし，不幸にして市場で売り出した商品が，トラブルを引き起こす事例もないわけではない．このようなトラブルが発生した場合，どのように対処したらよいのか，経営者としては迷うところである．万が一，トラブルが発生した場合，まずはキチンとその原因を究明し，二度と同じようなトラブルが発生しないようにするとともに，他でも発生していないか注意を喚起するために速やかに広く知らしめて，トラブルの相談窓口等について，ユーザーに通知する等の方法が望ましい．とくに重要であるのは，トラブルの発生の初期段階である．この程度のトラブルであれば，たいしたことはないと勝手に判断し，それを隠ぺいしようとして，そのためにかえって大きな問題となり，ユーザー等から予想以上の反発を受けて，結局倒産に至ってしまう場合も往々にしてあり得る．

　トラブルが発生したが，それを隠すことなく，広くユーザーに知らしめて，適正にかつ真摯に対応しようと努めてきたために，会社のブランドを傷つけることなく対処できただけでなく，逆に大幅な利益を得ることができた

```
┌─────────────────────────────────────────────────┐
│  トラブルに対して,「適切な対処」を行ったために,      │
│  高収益を維持している会社の例：パナソニック株式会社    │
│                                                 │
│  2005年頃から「石油ファンヒーター」で死亡や重体を含む事故多発 │
│                                                 │
│                              │
│                                                 │
│         全国紙, テレビ, チラシ等で継続的に          │
│         広告・謝罪, 使用した費用：100億円以上       │
│                                                 │
│                              │
│                                                 │
│        心配していた「売り上げの低下」はなし,         │
│        逆に売り上げ・収益ともに増加の傾向           │
│        2007年度の決算, 22年振りの最高収益を達成     │
│        (他の大手メーカーはすべて減収・減益の状況)    │
│                                                 │
│                              │
│                      「災い転じて福となす！」       │
└─────────────────────────────────────────────────┘
```

図 6.5　トラブル対処の成功例

例を示す．すなわち, トラブル対処の成功例を示す(図 6.5 参照)．この図は, 当時のマスメディアおよびパナソニック社のホームページに記載されている事柄等を参照にして, 概略をまとめたものである．

2005 年頃から, 石油ファンヒーターで死亡や重体を含む事故が多発した. そこで, 当時の松下電器産業株式会社[注1)]では, 全国紙, テレビ, チラシ等で継続的に広告, 謝罪し, 使った費用は 100 億円以上ともいわれている. 一方では, 会社の商品の宣伝を一切自粛することも合わせて実施している. その結果, 蓋を開けてみたら, 当初心配していた「売り上げの低下」はなく, 逆に売り上げおよび収益ともに増加の傾向となった. さらに, 前述のように, その間自社製品の広告を自粛したために, 広告費の節減が 150 億円以上と

注 1)　2008 年 10 月, 松下電器産業株式会社からパナソニック株式会社へ社名変更.

なったとのことで，まさに「災い転じて，福となす」の諺通りの結果となっている．このような，思い切った措置をとることは極めて勇気のいる決断であったと考えられるが，その陰には以下のような理由が推測されよう．

①トラブルを明るみにしても充分に回復できる見込みを持てたこと，②ファンヒーターは，松下電器産業㈱にとって必ずしもメイン商品ではなく，場合によっては撤退も考えられたこと[注2]．③トラブルを隠ぺいして他から指摘を受けた場合のブランドへの悪影響よりも，自ら明るみに出して前向きに対処した場合の方がはるかにダメージが小さいのではないか，との賢明な判断が働いたこと，等が考えられる．これらの判断は，結果的には正鵠を射たのであるが，そのような判断に至ることができたのも，これまで培ってきた「技術力」に自信があったせいでもあると考えられる．このように，技術力を備えていれば，万が一のトラブルの発生の場合でも，そのマイナスの影響を軽微に抑えることができる模範的事例であろう．

6.3.3 商品と本業比率

ここでは，ある程度以上の規模の会社を対象にしているが，商品の本業比率も会社の安定性の観点からは重要な要素となっているので以下に触れてみよう．

本業比率70％を越える会社は危ない：後述（6.6 参照）の「会社30年説」と同様に，本業比率70％を越える会社も気をつけなくてはならない．「本業一筋」，というのは昔の話であって，現在のように技術変化，社会変化の激しい時代には，このようなことは通用しにくいのは事実であろう．身近な例を上げると，大手ビール会社で，ビールだけを作っているところはない．本業がビール会社であっても，関連会社まで含めると，ビール以外の焼酎やウィスキー等のアルコール飲料およびノン・アルコール飲料，ジュースやお茶，さらにミネラルウォーター，コーヒーなどの各種飲料に留まらず，健康食品，各種サプリメント，化粧品等に至るまで，想像以上に手広く会社活動を行っ

注2) 2006年6月，年商130億円/年程度のため，将来の見込みが少ないとガス器具分野から撤退．

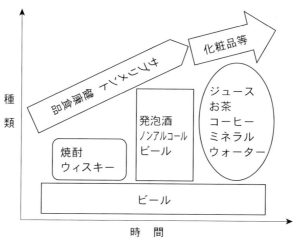

図 6.6 商品の種類の増加

ているのが実情である（図 6.6 参照）．「健康」「食品」「エコ」等のキーワードで，海外にまで進出し，会社活動の枠を広げ，さらにその可能性の限界にまで挑戦している．常に，本業で培ってきた「技術力」をベースにして，新製品・新規事業の開発，さらに新規需要の開拓に勤め，生き残りに全力をあげているのが実情である．創業当時から，何もせずに生き残れるほど，この世の中は甘くはない．

6.4 技術力の向上に対する経営者の責任

　これまで述べてきたようないきさつから，技術力の向上に関しては，経営者は全面的な責任を負っていることになる（表 6.1 参照）．そして，技術力の向上は，何も技術部門および研究開発部門だけが負うのではなく，その会社に関係する全ての人達が，それぞれの立場に応じて取り組まなければならない重要な業務であることも理解されるであろう．とりわけ，経営者は，技術力の向上には率先して取り組む必要があり，たとえ技術系出身でなくとも，少なくとも普段から自社商品の技術的内容に関して，詳細はわからなくとも，

表 6.1 技術力の向上に対する経営者の責任

> **技術力の向上に対して：**
> 経営者が何もしないのは，罪（業務怠慢）
> 経営者が何もしないと，会社は衰退の一途
> 会社運営は，自転車を漕いでいるようなもの
> 　　　　　登り坂，下り坂，水平な道
> 　　　　　　　（でこぼこ道，舗装道路，砂利道等）
> 立ち止まると倒れるしかない → 常に前進し，時には漕ぎ，時には少しブレーキをかける．

マクロ的技術レベルの水準等については，理解に努めようとしなければならない．経営者が技術的に何もしないと，他社との競争から取り残されてしまい，会社は衰退の一途をたどるしかない．会社運営は，走っている自転車を漕いでいるようなもので，もし漕ぐのをやめてしまったら，自転車は倒れるしか道はないのである．

6.5 投資効率

6.5.1 投資対象

経営者であれば，当然投資効率のことを考えない人はいないであろう（図6.7 参照）．ところが，「設備投資」の場合は，その投資効率は明らかに目に見える形で現われてくる場合が多い．しかし，それは投資する前に行った予想がかなり正確であった場合のみに言えることであって，設備に投資はしたが，見込みどおりの仕事が舞い込んで来なかったり，あるいはせっかく設置した機械が期待どおりの性能を発揮してくれない，というような場合も往々にして起こり得る．さらに，その会社が時代のニーズに答えるために，生産している商品の種類をかなり大きく変更した場合，せっかく購入・設置した設備も役に立たなくなってしまう恐れも生じてくる．すなわち，設備の場合は，かなり柔軟性に欠けるといわざるを得ない．

「広告」の場合，うまく当れば，注文量は大幅に増えることも期待できる．

したがって，とくに商品が不特定多数のエンドユーザーに渡るような場合の広告は効果が大きいので，多くの会社が，多額の広告費を使っているのは周知のとおりである．テレビ，新聞，雑誌あるいはチラシ，最近ではSNS（Social Network Service）等を見れば，どのような産業分野が元気がよいのか，一目瞭然となる．ところが，素材やあるいは商品が直接エンドユーザーに渡らないような会社も見かけられる．そのような会社の商品は，多くの場合，上記のようなマス・メディアに広告を出してもその効果は小さく，せいぜい企業イメージを広く知ってもらい，たとえばリクルートの際に，できるだけ優秀な学生に応募して欲しい，という狙いぐらいであろう．すなわち，会社の知名度を上げる狙いが大きいと思われる．さらに，広告の場合，設備ほどではないが，柔軟性に弱い面が認められる．たとえば，A社で「商品B」の広告を行ったとする．これを半年間あるいは1年間とか，何度か継続しないと広告の効果が浸透しない．ところで，新たにA社では，かなり分野の異なった「商品C」を開発して，販売しようとした場合，当然「商品C」の

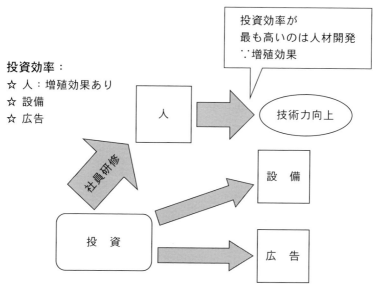

図6.7　企業は人なり → 人材育成こそ鍵

広告に切りかえることになるが，今までの広告のイメージ，A社＝「商品B」が印象に刻みこまれているので，A社＝「商品C」というイメージをユーザーに抱いてもらうためには，さらに多くの時間がかかる．そういう意味で，広告の場合も柔軟性に弱い点があると言えよう．

6.5.2 人材開発

人材開発の重要性に関しては，すでに5章において社員研修と技術力向上との関連から言及している．ここでは，投資効率という観点から，前回の図（図5.20）に若干の補完を行って，再度取り上げることにする（図6.7参照）．何よりも，従業員のレベルアップに投資するというだけで，従業員のやる気が大幅に向上するであろう．設備および広告等に投資する場合は，投資金額に比例しただけのものしか返ってこない．しかし，人に投資する場合，その期待値の何倍もの金額が返ってくることもある．それは，投資する時期および投資する対象および方法等にも依存するが，普段から従業員のレベルアップに投資していれば，とくに時代の変化の激しい時期には，投資効率が顕著に認められやすい．

ある大手メーカーの経営者がいみじくも，このように語っていた．不況の時に一番頼りになるのは，「技術力」である（図6.8参照）．すなわち，不況を乗り越える一番のパワーは技術力である，といっているのである．技術力は言うまでもなく，従業員への投資によって培われる場合がほとんどであろ

図6.8　不況のときこそ技術力が頼り

う．このように考えると，人に投資することが，一番投資効率が高く，とくに不況の場合には，最も頼りになる，といっている．

ところが，会社の経営者は，自社の従業員のレベルアップに投資することに必ずしも積極的でないことに驚かされる．どうしてだろうと，その理由について考えると，従業員のレベルアップに投資しても，具体的に目には見えにくいこと，すぐにその効果が表れにくいこと，従業員が会社を辞めたりした場合は，投資損となり回収できない，等を上げることができよう．しかし，すぐにその効果が表れにくいことは，効果が持続的に長持ちできることにつながるし，レベルアップした優秀な従業員を大切に扱うことによって，その会社を簡単には辞めたりしないものである．「すぐに効果の表れるものは，その効果が持続しにくい」傾向が強い．

6.6 「会社30年説」を覆す

俗に言われていることであるが，「会社の寿命は30年間しか持たない」と．いわゆる「会社30年説」である．なるほど，親が苦労して立ち上げ，かなり立派に育てた会社を息子がつぶしてしまうという例も多い．親は，会社を

図 6.9　会社30年説を覆す

うまく軌道に乗せることだけで精一杯で，その間息子に「生きた経営学」を学ばせるだけの余裕がなかったせいかもしれないし，30年間というその間に産業構造の変化に対処することにまで気が回らなくなっていたことに起因するかもしれない．また，あとを継いだ息子が世の中の変化に対処できるだけの資質に欠けていたせいかもしれない．とにかく30年間程度でつぶれる場合が多いという考え方である（図6.9参照）．

　他方，30年間はおろか，それよりもはるかに長期間立派に会社経営を行い，今日までその隆盛を誇っている会社も少なからず存在する．30年間も持たずに，その寿命を終えてしまう会社と，それよりもはるかに長期間隆盛を誇ってきた会社との違いはどこにあるであろうか．長期間立派に会社運営を持続してきた会社は，単に運に恵まれただけではなく，世の中の変化に対処すべく絶えず「技術開発」を行い，社会のニーズに対応した商品を送りだしてきたからであると考えられる．すなわち，その会社が社会から，継続して「その存在が必要である」と判断されるような経営を行ってきたからであるといえる．換言すれば，社会からその必要性が認められないような会社は消滅していくしか道は残されていないのである．30年間も持たなかった会社の場合，設立当初こそ社会からその出現が歓迎されたこともあったかもしれないが，やがて時が経つにつれて，ほかにもっと素晴らしい会社が現れたり，あるいはその会社の商品が時代のニーズに合わなくなってしまったり，等と理由はいろいろとあるかも知れないが，社会からその存在価値が認められなくなってしまったために，消えていかざるを得なくなってしまったのであろう．

　いずれにしても，「会社30年説」は，会社設立当時はうまくいっていても生き残る努力をしなかったら，30年間しか持ちこたえることができない，という意味であろう．換言すれば，多くのそれ以上の年月を経てきた会社は，絶えず「生き残り」のための工夫を凝らしてきたゆえに，今日の存在があると言える．「ローマは一日にして成らず」，技術力は，生き抜くための大切な武器である．

7 会社力を無視するな

　これまで述べてきた「技術力」とは，会社が有する「技術に特化した力」であるのに対して，会社力とは，会社が有する「技術力を含む全体的な力」，すなわち「総合力」ともいえるものである．いうまでもなく，会社を継続的に運営するためには，技術力は欠かせないが，それだけでは必ずしも十分であるとは言えない．すなわち，技術力は「必要条件」ではあるが，「十分条件」ではない．この両者の差を補う要素が「会社力」の中に存在すると考えれば，わかりやすいと思われる．それでは，会社力の中味とは，どのようなものかを考えてみよう．

7.1　会社力とは

　技術力に関係の深い言葉として，「会社力」について触れてみることにする．会社力とは，文字通り「会社が有する総合力」である．技術力は，主に設計，製造，技術，研究開発，品質保証等，いわゆる技術系部門に特化される力を指すのに対し，会社力は，事務系部門および技術系部門の双方に関係する会社の全体的力であると考えられる．さらに，広くはいわゆる子会社や，取引関係の会社まで含める場合もあっても良いであろう．したがって，経済力(財務体質)，製造される商品のレベル，商品の販売力，雇用も含め地域経済への影響力，等あらゆるものの総合的な力と解釈でき，その境界は必ずしも明確ではない．もちろん，技術力は，会社力を支える主要な一部を構成していると考えられる(図7.1参照)．「会社力」の中には，たとえば「経営力」やそれに付随すると考えられる「取引銀行等への影響力」なども含まれている

ことは言うまでもないが，このような項目にまで言及すると，焦点が拡散する恐れがあるので，ここではできる限り，技術力に関係の深い項目に絞って，話を進めていきたい．

　会社力は，言うまでもなく，「個人の能力＋組織の力」から成り立っていると考えられる．個人・個々の能力（人材）は，金太郎飴のように，どこを横断しても同じものが現れるようものから構成されるのではなく，できるだけバラエティに富んでいる方が望ましい．というのも，組織を活用するに当たって，戦後の一時期のように，日本経済が欧米に追いつき追い越せと，何か「具体的目標」が存在して，それに向かってひたすら全員の力を結集する時代であれば，金太郎飴のように，どの断面を切り取っても似たような人材の集まりが最も効率的であろう．しかし，すでに技術的に欧米の先進国に引けを取らないだけのレベルに到達している現在では，何ら具体的目標が設定されていない場合も多い．そのような場合，できるだけいろいろな考え方をする人達がお互いに刺激しあって，何か新しいものを「創造」していく必要がある．出身地，出身大学はもちろんのこと，できれば学部，学科等も種々なところから集めるのが理想的であろう．これは，社内で学閥の形成防止にも役立つと考えられる．ここで，重要なことは集められた社員のそれぞれが，少なくともその専門に関して，「基礎学力」をキチンと修得していることが

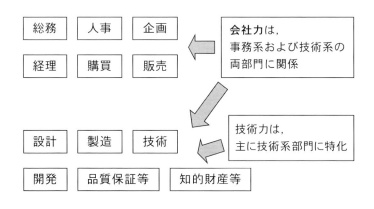

図 7.1　会社力の構成 -1

必須であり，単に種々の分野から数を集めれば十分というわけではない．もちろん，扱う商品を研究開発する部門の場合，たとえば，機械系あるいは電気系等特定の学科出身者が多く占めるようになるのは，専門的な観点から効率的成果を求める必然性に起因するので，例外的職場であると言えよう（図 7.2 参照）．

このようにバラエティに富んだ人材の集まりが組織であるから，それをある方向にベクトルを揃えた結果，生まれる力が「組織の力」である．ところが，組織は，常に個人の感情，換言すれば個性が表に出てくることを好まない傾向が根強い．なぜならば，組織はそれ自体が目的を持って運営されているので，個人・個々の意図を斟酌していては，統一感を損ねることになり，初期の目的を達成することができにくくなるからである．したがって，人材がバラエティに富んでいることと，組織の力とは相反する傾向が強いので，とくに組織の上に立つ者の考え方が重要な役割を果たすことになるであろう．いずれにしても，組織の力は，一人一人の意見が通りやすく（下意上達），かつ会社のトップの考え方が下部の人達に充分に理解されていること（上意下達）が望ましい．すなわち，「風通しの良いこと」が必要である．キチンと

会社力＝個人の能力＋組織の力

人の能力：バラエティに富んでいる方が良い
組織の力：「内部摩擦」は組織力を減退させる，
　　　　　方向が同じになるように仕向けること，
∵100年間以上続いた会社でも，つぶすときは一瞬で充分，
たとえ小さな会社でも，起業し，これを維持するのは簡単ではない．
不況に遭遇した時や業務の転換の必要が起こった場合，
「**技術力**」が最大の頼りとなる．
「**技術力**」なくして，企業の永続的な存続はなし！

図 7.2　会社力の構成 -2

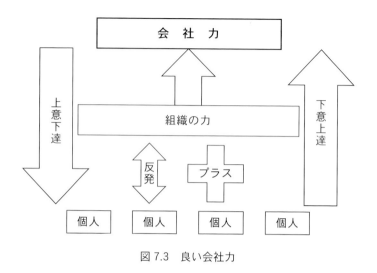

図 7.3　良い会社力

した上下関係はもちろん必要ではあるが, それぞれの社員の意見や考え方が, 下から上, 上から下へと, 普段から意思の疎通が充分に計られていることが, 組織の力を発揮する上で, 極めて重要である. 社員の「ベクトル」を合わせ, 同じ目標に向かって進んでいくことが必要で, 内部摩擦は金・時間・レベル等を含めたエネルギーロスを生ずるので, 「会社力の最大の敵」である. すなわち, 異なった意見を持つ者同士が, 意見を戦わせるのは大いに奨励されるが, どこかで結論を出さなければならない. 一度ある方向に決議された暁には, 以前にたとえ反対意見を述べた者でも, 全員決められた方向に従うという暗黙のルールを順守する雰囲気を醸成しておくべきであろう（図7.3参照）. そのような雰囲気が醸成された会社は, 優れた「会社力」を発揮できると考えられる.

7.2　元気な会社とは？

A社に対する評判を尋ねたところ, 「あそこの会社は, とても元気が良いですよ.」というような答が返ってくる場合がある. 元気な会社とは, 具体

的にどのような会社なのであろうか．①従業員の数が多く，それが増加傾向にある，②車の出入りが頻繁である，③来客であふれている，④従業員の家族がみんな豊かな生活をしている，⑤経営者が名士として（長者番付）名を連ねている，⑥会社の株価が高い，⑦工場の増改築が行われている，⑧経営者と従業員間の関係が親密である，等が挙げられる（表 7.1 参照）．

① 従業員の数が多く，増加しているのは，現在の事業がうまく行っている証拠であり，あるいは有望な新規事業にも乗り出しているのかも知れない．
② 車の出入りが頻繁であるのは，それだけ資材の納入や商品の搬出が盛んに行われ，商品が「フル生産」されていることを意味する．
③ 来客であふれているのは，商談や見学者の数が多く，その会社の「商品が魅力的」であることを示している．筆者も，民間会社に勤めていた頃，来客があり接待費を使うことも多かったが，そのことを気にして上司に釈明すると，幹部からは「そのようなことは気にするな．会社にお客さんがみえることはありがたいことだ．お客さんがみえなくなったら，会社もおしまいですよ．」と逆に励まされたことがあった．会社に多くのお客さんがみえるのは，何らかの魅力があるからで，何も魅力がないのであれば，人は寄り付かないはず，と合点した次第である．このことは，何も会社だけに限ったことではなく，たとえば学校，レストラン，個人の家等，人が出入りする場所は，同様のことが言えると考えられる．上記とは逆の例に

表 7.1　元気な会社の特徴

① 従業員の数が増加傾向
② 車の出入りが頻繁
③ 来客であふれている
④ 従業員やその家族が豊かな生活
⑤ 経営者が長者番付に名
⑥ 会社の株価が高い
⑦ 工場の建て増しが頻繁
⑧ 経営者と従業員とが良好な関係

なるが，地方の商店街の現状を見れば，一目瞭然といえよう．要するに，「魅力があれば，自然と人は寄ってくる」のである．

④従業員の定着率が高いこと．これは，給料がキチンと支払われているだけでなく，それが世間の相場よりも高く，かつ将来にわたって暗黙のうちに何らかの保証がなされているために，従業員およびその家族が全員豊かな生活を続けることができていると考えられる．たとえば，これまで従業員の首切り等を行ったことがなく，彼らを大切にしてきている，等で従業員も家族も安心して，その会社に寄りかかって生活できていることであろう．

⑤経営者が，たとえば地方の経済界の要職に名を連ねているとか，あるいは長者番付に名を連ねていることは，会社経営が黒字であり，しかも収益性が極めて高いことを意味している．そして，経営者が長者番付に名を連ねる位であれば，従業員に対しても，充分な給料やボーナスを支払っていることであろう．もし，そうでなかったら，従業員からの不満が続出し，働く意欲が低下するだけでなく，両者の関係が険悪となり，⑧経営者と従業員間の関係が親密である，ことはなくなると考えられる．

⑥会社の株価が高いことは，まさしく会社の業績を反映しており，高売上げ，高収益を確保できていることの証拠であり，将来性も高く評価されていると考えられる．また，会社の含み資産も多く所有しており，多少景気が悪くなっても，乗り切ることのできる「耐力」を備えている場合が多い．

⑦工場の増改築が行われているのは，現在の生産設備では間に合わず，より多くの増産体制を確保しようとしているのか，あるいは新規商品の生産体制を整えようとしているのか，いずれにしても会社経営が順調に行われているのは間違いない．

7.3　元気な会社の共通点

3～4歳の子供達を観察していると千差万別で，それらの子供の健康状態が良くわかる．元気そうに絶えず動き回っている子供，それとは正反対に大きくは動いてはいないが，ただひたすらおもちゃと向かい合って一人自分の

境地に没頭している子供,等いろいろである.しかし,彼らに言える共通事項は,子供によって程度差はあるが,目が澄んでいて,素直さ,純粋さに満ちていて,絶えず何かに対して「好奇心が旺盛」で,そこから学んだ知識は乾いた砂に水が浸み込むように吸収されていること,等であろう.

　一般的に,元気な会社の共通点がある.まず,①現状に満足していないこと,すなわち,常に上昇志向に満ちていること.たとえば,商品の生産量を現状の3倍に増やすことを計画しているとか,新たに工場立地計画を進めているとか.次に,②経営者が世襲でないこと.この項目は必ずしも絶対的な要件ではないかもしれないが,たとえば経営者の子供が他の社員に比較して若年にも拘らず,主要なポストについていると,彼におもねるような輩も出てくるし,そこからいわゆる取り巻き連中ができ,キチンとした意見も通りにくい雰囲気が醸成される恐れもある.たとえば,エコヒイキのようなことが行われ,従業員の間に不満が発生する原因となりかねない.経営者が,もし自分の子供を跡継ぎに考えるのであれば,早くから帝王教育を行い,他の一般社員以上により厳しい課題を与えて,それらの問題をキチンとクリアできるように指導して,将来の経営者としての能力が身に付くように努めなければならない.要するに,自他ともに次期社長候補としてふさわしいと認められるようであれば,世襲経営でも支障がないかもしれない(図7.4参照).

　次に,重要なことは③「技術」を大事にしていることである.技術を大事

① 現状に満足していない → 上昇志向が旺盛
② 経営者が世襲ではない → 意見が通りやすい
③ 技術を大事にしている → 目的が明確
④ 従業員が誇り → 内部摩擦が少ない

「創意工夫」と「実行」

図7.4　元気な会社の共通点

にしていることは，人事が情実に左右されておらず，目的が明確であり，ユーザーから信用されていることにも繋がると考えられる．すなわち，評価がより客観的に行われやすいことを意味している．換言すれば，技術という普遍的なものを物差しにしておれば，評価が偏ることが少なく，たとえば経営者を含む取り巻き連中の主観的評価がまかり通るようなことが避けられると考えられる．

そして，④従業員は，各自の仕事に誇りを持って働くことができ，社内組織においても，派閥のようなものが発生しにくく，より一体感をもって運営されるのではなかろうか．繰り返すことになるが，会社は個人の能力と組織の力から成立っている．すなわち，従業員，個人・個々の能力が優れていることはもちろん重要であるが，これらの能力がある目的のために一つの方向に揃えられていなければならない．会社内で，内紛や足の引張り合いがあると，そのような会社は衰退していく方向にあるといってよい．それは，何も会社に限らず，大きくは国家，地方自治体，小さくは家庭でもそのようなことがいえるのではないだろうか．いずれにしても，所属している会社の発展のために，一丸となって努力を続けて行こうという機運に満ち，全社的に「創意工夫」と「実行」の精神で統一されていることが望ましい．換言すれば，「創意工夫」と「実行」でもって，「たゆまなき前進」が実行されている会社は，元気な会社であると判断できよう．

7.4　わが社は順調にいっている？

すでに，4章でも述べたように，どのような会社であっても，生産活動を行っている限り，何らかの問題点を抱えているのが普通である．というのも，最初から完璧であるというのはあり得ないからである．たとえ，商品を会社から出荷する時点で完璧であると判断できていても，時間の経過とともに完璧であると判断していた商品が，実は必ずしも完璧ではなかった，ということも充分にあり得る．換言すれば，営業活動を行うこと自体が問題点との遭遇であって，問題点を創り出しながら，それに併行してその問題点を解決し，

会社を運営しているといっても過言ではない．この問題点を一つ一つ解決していくことで会社の歴史が刻まれ，かつ技術力が蓄積されていると考えられる．たとえば，製造業で創業数十年といえば，それなりに歴史も経てきており，その業界では知られるようになっているのも，その辺の事情から理解できよう．すなわち，毎年多くの問題点を解決してきた過去の歴史の積み重ねが，バックグラウンドに横たわっている．

「わが社は問題を抱えていない」と威張っている経営者に出くわすことがある．本当にそうであろうか．「問題を抱えていないのではなくて，問題に気づかない」だけではないのだろうか．問題意識の欠けた人には，問題の存在がわからない．また，換言すれば，問題点を持っていない会社は，成長の止まっている会社であるといえなくもない．成長の止まっている会社は，問題点が隠されているか，あるいは表に現われてきていないために，一見問題点がなさそうに見えるだけである．繰り返すことになるが，会社において，生産や営業活動を行うこと自体が問題点との遭遇であり，それらの問題点を一つ一つ解決していくことが会社の永続的活動につながるのである（図7.5および図7.6参照）．

図7.6は，図4.1に，すでに説明しているが，大事な項目なので，少し表現を加筆して，再登場させている．とくに注目すべきは，問題点の存在は，ユーザーからの指摘が有用である場合が多い．したがって，たとえ，現在何も問題が見つかっていなくとも，積極的にユーザーと接触して，「潜在的な問題を顕在化」させるぐらいの知恵を働かせて欲しいものである．問題への

「問題点」を抱えていない会社はない
∵営業活動を行うことが，問題点との遭遇 ➡ 問題点を作り出すこと，➡ これらの問題点を一つ一つ解決していく過程で，「技術力」が養成．
∴問題点を抱えていない会社＝成長の止まった会社
（問題点は隠されている場合も多い）

図7.5　わが社は順調に行っている？

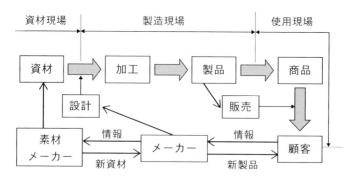

図 7.6　問題点の存在場所と解決ルート

対策は，それが小さいほど，かかる費用も少なくて済む．いずれにしても，「難無くして，栄光は無し」，困難を乗り越えていくことで，栄光をつかみ取ることができるのは，スポーツの世界だけではなく，会社経営も同じであろう．

7.5　大企業病[注1)]

　一般的に，就職しようとした場合，たいていの場合，中小企業よりも名前のよく知られた大企業の方を選択する．それは，大企業の方が，中小企業よりも，多くの点で，働く者にとって有利な条件を提供してくれているからであろう．その主な有利な点を列挙すると，以下のように示すことができる（表7.2 参照）．

　中小企業よりも大企業の方が，①初任給およびボーナスの額が高い，②たとえ，両者において初任給に大差がなくとも，その後の昇給レベルに大きな差がある，③優秀な人材が集まっているので，お互いに切磋琢磨できる環境に恵まれている，④福利厚生施設が充実している，⑤労働組合がしっか

注1）これまで，努めて「会社」の表現を使用してきた．それは，「会社」と「企業」とは同じ意味も含まれてはいるが，元々はニュアンスが異なるためである．「会社」は，営利行為を目的とする社団法人を意味するが，「企業」は，本来，事業を企てることを意味する．ここおよび以下でも，慣例的表現として，「会社」よりも「企業」の表現の方がふさわしいと，判断して採用している．

表7.2　大企業選択の理由

```
①初任給が高い
②入社後の昇給レベルに差がある
③優秀な人材により，切磋琢磨の環境
④福利厚生施設が充実
⑤労働組合がしっかりし，労務管理が健全
⑥分業制で，専門知識を身に着けやすい
⑦組織が大きいので，より良い職場を選択可能
⑧資格習得や良き伴侶に巡り合いやすい
⑨景気，不景気の影響を受けにくく，安定感に富む
⑩定年後の再就職がしやすい，等
```

りしているので，組合員ひいては従業員の労務管理が優遇されている．⑥分業で仕事をこなしているので，専門的知識を身につけやすい．⑦組織が大きいために，たとえばいやな上司を避けるために，他の職場へ変更してもらうことも可能．⑧資格取得や良き配偶者も得やすい．⑨入社して定年退職するまで，通常40年間余りの長期間である．この間，景気の影響を受けて，会社の存続そのものが危くなる時もあるかもしれない．ところが，大企業の場合は，その影響を受けにくく，安定感が高い．⑩定年後希望すれば，関連会社等への再就職を斡旋してもらいやすい，等．しかし，一方では，(1) 組織の一部の歯車の一つとしてしか業務に反映させることができにくい，(2) 新しい提言や予算申請しても，決定が下りるまでに時間がかかる，(3) 派閥や学閥の影響を受けて，良い目に合うこともあれば，少々努力しても報われない場合もある，(4) 転勤等のため，予想もしない遠隔地や，場合によっては外国での勤務も受け入れなくてはならない，(5) 業務で失敗した場合，定年まで冷や飯食いの恐れが高い，等のデメリットも覚悟しておく必要がある．

　ところで，「寄らば大樹の陰」と，大企業に就職しておけばほとんど問題がないように思われるかもしれないが，このような大企業にも忍び寄る病気がある．それを「大企業病」と名付けている（図7.7参照）．では，大企業

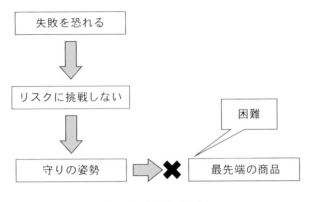

図 7.7　大企業病とは

病とはいったいどういうものであろうか．なぜ，大企業病と呼ぶのであろうか．大企業という組織の「中」に存在していれば，少なくとも経済的には安定である．このような考え方には間違いは少ないと考えられる．ところが，大企業という組織の中に存在し続けるためには，少なくとも大きな失敗を繰り返してはならない，というような暗黙のルールがあるらしい．このことから，前例を重視しすぎる余り，何か新しいことをやろうとしても，周囲からの直接・間接的な抵抗も小さくはないために，失敗の恐れのあるようなことには，挑戦しようとしない，言わば「守りの姿勢」に徹するようになる．すなわち，成果の見通しのついたことしか取り組もうとはしない，チャレンジしない性質が身についてしまう．このような体質を「大企業病」と呼んでいる．

　ところで，大企業が大企業であり続けるためには，常に何か「新しい商品」を開発し，それらを販売して利益を確保することが肝要である．新しい商品を開発する段階で，それは「リスクに挑戦」することになる．「虎穴に入らずんば，虎児を得ず」という諺がある．これは，ご承知のように，虎の住処に入らないと，虎児を得ることができない，という意味である．「虎児」とは何か．それは，「虎の子」という表現から分かるように，文字通りの虎の子ではなくて，極めて「大切な物」と考えるべきであろう．すなわち，ここでは，会社にとって「虎の子」とは，恐らく商品であろう．その商品も，す

でに販売されている物ではなく，これから生み出そうとする「新しい革新的な商品」を意味する．このような革新的な商品を開発しようと願うのであれば，ある程度失敗することも覚悟して，取り組むべきである，という意味であろう．もちろん，何度かの失敗の暁には成功が待ち受けていると，期待しているのはいうまでもない．ところがリスクに挑戦することに躊躇するようになると，新しい商品を開発することができないか，あるいは競合他社に対して遅れをとることになる．市場において，つねに二番手や三番手の商品を並べておいて，それで十分な利益を確保できるほど世の中は甘くはない．かつては，大企業の中に名を連ねていたが，いつの間にか，経営的に苦しくなり，やがて従業員のリストラが始まり，経営的に良くない部門の縮小，あるいは廃業等，やがて事業の縮小につぐ縮小，倒産という憂き目にも遭いかねない．

7.6 大企業病を防ぐためには

　大企業であれば，終生安泰であるというような誤った認識を捨てなければならない．そして，常に新しいことに挑戦することも忘れてはならない．このような大企業病に罹るのを避けるために，経営者はいろいろと工夫しなければならないが，その一つの方法として，事業部制がある．これは，事業部ごとに収益を計算して，黒字の事業部には従業員のボーナスの算定時に考慮したり，あるいは赤字の事業部には予算を減らしたりするやり方で，常に緊張感を持って業務に取り組ませるようにしている．すなわち，一つの企業の中において，部門は異なるかもしれないが，お互いに収益に関して，競争させることによって，自然と新しいことにも挑戦せざるを得ないように仕向けるやり方である．また，新しいことに積極的に挑戦するように仕向けるために，本人の不注意による失敗の場合を除き，業務に対して前向きの挑戦による失敗は，これを咎めないような不文律を設けたり，「敗者復活」が可能なシステムを設ける方法もある（図 7.8 参照）．

　いずれにしても，経営のトップが，このような大企業病に罹らないように，常に従業員に向かって，新しいことに挑戦する心を持って業務にあたるよう

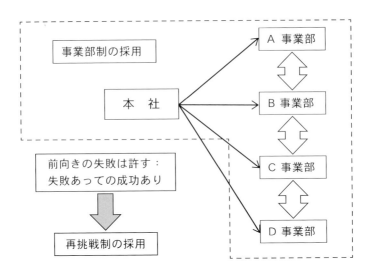

図 7.8 大企業病を防ぐには

に，発信し続けることが大切である．そして，一度や二度の失敗を恐れていては，大きな成果を上げることができないことも繰り返し述べ，従業員に理解してもらう必要がある．チャレンジ精神を失った社員をいくらたくさん抱えていても，戦力にはならないことを経営者は肝に銘ずるべきであろう．まさに，「難無くして，栄光は無し」と言えるであろう．

7.7　技術力の確立による取引形態の変更

　すでに，6章でも述べたように，本業比率が高い会社は，安定性に欠けることを指摘した（6.3.3 参照）．景気が上向きで，会社の運営がうまくいっている間は，一見安定であり，経営者にとっても楽な運営であるので，それで構わないかもしれないが，いつも取引会社から安定した量の注文が来るとは限らない．また，たとえ安定した注文がある場合でも，取引金額（単価）をいきなり 20％プライスダウンを要求される恐れもあるかも知れない．そのような場合，泣く泣く取引会社からの要求を受け入れるか，あるいはこれま

でのような取引を断るか，の二者択一を迫られる．20％プライスダウンを受け入れた場合，はたして従業員にこれまで通りの給料を支払うことができるだろうか，取引を断った場合それを補うために，他の会社から注文を取ってこれるだろうか，どちらを選んでも深刻な問題に直面することになる．そこで，これまでの縦方向の取引形態から，横方向の取引形態に移行させることが必要であろう（図7.9参照）．その移行に頼りになるのは技術力であり，このような移行が一朝一夕にできるとは限らない．しかし，技術力を高めて，徐々にこの方向へと移行することは可能である．いずれにしても，会社の安定経営のためには「技術力」が極めて重要であることが理解できよう．

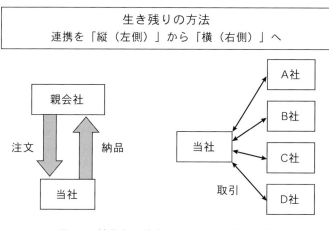

図 7.9　技術力の確立による取引形態の改善

8 良い会社の条件

「技術力」と良い会社の条件とが，直接結びつくものかと疑問に思う人がいるかも知れない．すなわち，「なぜ技術力のある会社であるためには良い会社である必要」があると考えるのか，という疑問である．実は，技術力を売り物にするためには，少なくとも良い会社である必要があると考えられる．なぜならば，会社を構成する第一の要素は，「人」すなわち，従業員，社員であるからである．従業員から，うちの会社は「良い会社である」と評価されなければ，従業員は会社のために，一生懸命に働こうというようなモチベーション（Motivation，意欲，やる気，動機付け）が湧いて来ないであろう．モチベーションが湧いて来なければ，個々の従業員が，仕事に対して創意工夫し，それを実行するような積極的な気持ちに欠けることになる．すなわち，従業員は会社への忠誠心に欠けてくることになり，技術力向上のための基本

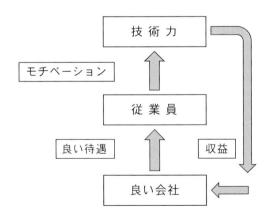

図 8.1　良い会社であるには技術力が必要

的プロセスが形成されなくなってしまうであろう．したがって，大多数の社員から「うちの会社はとても良い会社である」と言われることは，技術力構築のためには必須条件であると考えられる（図8.1参照）．そこで，まずは会社の構成から言及し，良い会社の条件を突き詰めてみよう．

8.1　会社の構成

　ある一つの「会社」が存在している場合，その会社の構成は，狭い意味では，主に「株主」，「経営者」および「従業員」の三者から成り立っていると考えられる．これら三者には，それぞれ家族がいるので，家族も会社の構成に少なくとも間接的には関係している．さらに，その会社にとって，もっとも重要であるとみなされている「お客（ユーザー）」が存在している．また，通常，会社が生産している商品には，原料（資材）が必要であるので，それらを納入する「関連会社」が存在する．また，全ての商品の加工を一つの会社のみで行おうとした場合，専門性や納期，コスト，あるいは効率性等の観点から得策でない場合も多い．それゆえ，ある程度加工作業を「外注化」しているのが現状であり，いわゆる下請け会社がある．さらに，加工機器や搬送機器を使用している場合，時にはそれらが故障したり，能率等の観点から，新しい設備に更新する必要もあり，工場の建物や設備機器の納入・点検整備等を社外部門に依頼しなければならない．これらの会社すべてを総称して，「協力会社」あるいは「関連会社」と呼ぶことにしよう．

　また，新しく事業を展開する場合や，これまでの従業員が退職したりした場合，当然新規に従業員を雇用する必要がある．このような場合，大学や専門学校，さらには高校等の学校を訪問したり，あるいはハローワークのようなところに，求人を依頼する必要がある．また，研究開発について，自社だけで単独で行う場合，専門性や研究開発に対するリスクの関係上，限界にぶつかる場合も少なくはない．また，研究費用やその効率性等の観点から，社外も含め，他の部門との連携が欠かせない場合も多い．したがって，周知のように現在では，産・官・学の連携で研究を推進することも盛んに行われて

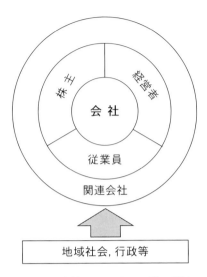

図 8.2 会社とそれを取り巻く環境

いる．

このように考えると，会社は決して単独では存在し得ないことが明らかである．逆にいえば，一つの会社が存在するためには，周辺のいろいろな人達からその必要性が支持されないと存在し得ないことに気付く必要がある（図 8.2 参照）．たとえ，経営者が会社の創設および運営資金を全て調達してきたとしても，経営者兼株主だからといって，その会社を私物化できないことはこのような構成から見て明らかであろう．

8.2　会社の存在価値

資本主義社会では，会社は商品を製造し，これを販売することによって適正な利潤を上げる必要がある．売上金の中から，従業員に給料を，関連会社には購入や外注代金を，また株主には配当金を支払い，なおかつ幾分かの資金が残るようにする必要がある．残った資金は，たとえば借入金の支払いや，今後の研究・開発資金に回したり，あるいは設備投資に充当したりすること

によって，健全でかつ永続的な経営が可能となる（図 8.3 参照）．

　もし，上記のようなことが行われない場合を考えてみよう．従業員には正規の給料が支払われない，関連会社には購入や外注の代金支払いが滞っている，株主には配当金がゼロ，といった状態である．従業員に給料が支払われなくなった場合，言うまでもなく彼らには家族がいるであろうし，従業員および家族達の生活が維持できなくなってしまう．関連会社の場合，正規の支払いが行われなくなってしまうと，それらの会社は運営できなくなり，会社そのものの存亡にかかってくることになる．いずれにしても，一つの会社の破綻により，その会社に関係してきた多くの関連会社群，ひいてはそこで働いている従業員およびその家族，さらには彼らの日常生活を支えてきている会社周辺の商店の経営者達や従業員等というたくさんの人達の生活がたちまち破綻することにつながりかねない．したがって，会社の経営者が，たとえ当人が立ち上げて大きく成長させてきたとしても，会社となったからには，経営者個人の意思のみで，突然に会社を閉じたり，倒産させたりすることは，社会からの期待を裏切る行為であり，反社会的行為であるとみなされても仕方がないと考えられる．

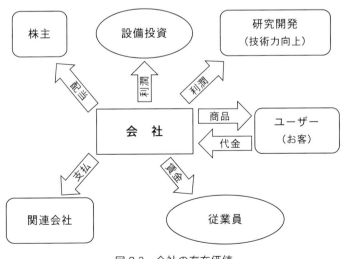

図 8.3　会社の存在価値

このように考えてくると，会社は社会的存在価値のもとに存在するのであって，社会からその存在が否定されるようになってくると，継続的な運営が困難となることが理解できよう．換言すれば，会社が存在し得るのは，社会的に見て（会社を取り巻く環境から）その会社の必要性が認められているからであって，認められなくなった場合，社会から消滅せざるを得なくなる．

8.3　会社は誰のもの？
8.3.1　人材は人財
　会社の社長が，部下の社員と意見を異にしたとき，「君は，そんなにうちの会社が気にいらなければ，何時辞めてもらってもいいよ」といって，相手の口を封じるようなことを平気で言うのを耳にしたことがある．このような暴言を吐くのは，ほとんど中小企業のオーナー社長に多く見られる．その社長は，会社を自分が立ち上げて，自分が大きくし，多くの苦難を乗り越えてきたという自負があり，会社に対する大きな愛着があることもよく理解できる．また，現在その会社があるのは，社長の努力と工夫抜きにしては成し得なかったであろうことも，本人はもとより関係者が全員承知していることかもしれないので，会社そのものが社長個人のものであると錯覚してしまうこともわからなくはない．しかし，会社は，株主や従業員，ユーザーおよび関連会社など，会社を取り巻く種々の人達の支えがあってこそ，存在し得るものである，と認識する方がより客観的な見方ができるのではないかと考えられる．すなわち，社長個人の功績の割合は，社長が自分自身を評価する割合よりもずっと低いことを自覚するべきである．

　一方，現実的に多くの社員にいっせいに辞められると，たちまち会社運営はできなくなってしまうであろう．社長は，こんなことを言ったぐらいで辞めるような社員は，いてもらわなくとも良い，というような気持ちも持っていることであろう．また，今の時勢では，他においそれと同様の待遇で雇ってくれるような所も見つかるまい，すなわち，すぐに辞めていくようなことはあるまい，と高をくくって言っているのかもしれない．従業員の方も，「ま

た社長の十八番（おはこ）の言葉が出た．内心は，社員に会社を辞めてもらっては困るという言葉の裏返しだ」「社員への奮起を促す気持ちから，（言葉足らずで）あのような表現となっただけで，決してまともに受け取ってはならない」と，読みすかしている場合もあるであろう．いずれにしても，その社長は，会社は社長個人のものという意識が極めて強く出ており，自分自身に対する過大評価そのものと断定してよいであろう．

　会社の日々の運営においては，経営者と従業員とは，いわゆる「車の両輪」みたいなもので，どちらが欠けても車は動かなくなってしまう．とかく，経営者は，従業員に対して，上からの目線で見がちになるが，経営者が，従業員あっての会社運営であると態度で示していけば，従業員もそれ以上の熱意で答えてくれるものである．従業員を大事にする，従業員の能力アップに資金をつぎ込む，従業員の待遇改善にできるだけの努力を払う，このようなことを続けていけば，両者の信頼関係が深まり，その会社は，ますます発展し続けることは疑いの余地がないであろう．「人材は，人財である」と言い続けて，それを態度で示している経営者に対して，従業員がそれに応えてくれない，というようなことはまずは考えにくいことである（図 8.4 参照）．

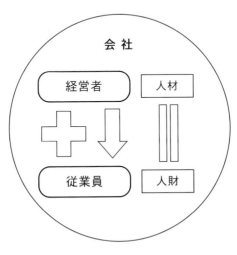

図 8.4　人材は人財

8.3.2　北風と太陽

広く知られている「話」に,「北風と太陽のイソップ寓話」がある.周知のように,北風と太陽とが,旅人のマント(現在のオーバーコートに相当)を脱がす競争をした物語である.最初,北風は旅人に強い風を吹き付ければマントを脱がすことができると考えて吹き付けたが,どうしても脱がすことはできず,風の力を強くすればするほど旅人は寒さを感じてかつ吹き飛ばされまいとして,ますますしっかりとマントを抱え込むばかりでどうしても脱がすことができなかった.一方,太陽は最初穏やかな光から徐々に強い光を当てることによって,旅人は暑さを感じ始め,ついには我慢できずにマントを脱いでしまって,結局太陽が勝った,というお話である.上記のように,力ずくや冷たく厳しい態度で人を動かそうとしても,かえって逆効果を生み出してしまうことが多い.一方,ほめたり,温かく優しい言葉をかけたりして,親身に接することによって,何も強制しなくとも人は自分から率先して行動してくれるという「教訓」であると説明されている.

それゆえ,会社の経営者や幹部は,従業員に対して,「気に入らなければ,いつ辞めてもらってもいい」とか,あるいは「しっかりと働かない人間は,ボーナスを減らすぞ」などと,脅かすような言葉で威嚇するのは愚の骨頂であることが容易に理解できるであろう.それよりも,できる限り,従業員をほめたり,あるいは足りない能力があれば,研修を受けさせたり,さらには社内表彰制度などを設けて,みんなの前で,会社に対する貢献度に応じて,賞することが大事ではなかろうか.

経営者から社員の立場に立って考えれば容易にわかることではあるが,怒鳴りつけたり,脅かしたりして働かせられるよりも,褒められたり,激励されたりして働く方がはるかに快適に,かつ前向きに仕事に取り組むことができるし,仕事の効率も高いものとなるであろう.会社を構成する「従業員は,すべて人材であり,人財である」との信念を持って接してもらいたいものである.たとえ,自らが創業し,自らの代で大きく成していった会社であっても,理想的には株主,従業員やその家族,関連会社や周辺地域の皆さんから,支援をいただいたおかげで今日の大を成すことができた,というぐらいの謙

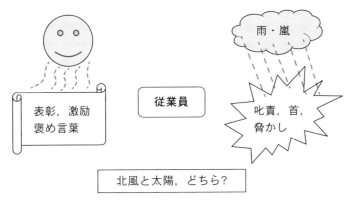

図 8.5　従業員のモチベーション向上には？

虚さが欲しいものである．この方が，ひいてはその会社をますます発展させる方向に向かうであろうし，その経営者に対する評価も大きく向上させることにつながると考えられる（図 8.5 参照）．

8.3.3　会社は誰のもの

さて，会社は誰の物であろうか．筆者は，法律家ではないので，法律論で会社は誰の物というような議論をするつもりは毛頭ない．また，法律が必ずしも，その時々の社会の情勢を的確に反映し，保護されるべき者の立場に立って制定されているとは限らない．法律論はともかく，このように考えてはどうか，との問題提起を行いたい．

会社は，第一にそれに必要な資金を提供した株主のものであるのは間違いない．もし，会社の運営がうまく行かなくなった場合，株主が提供した資金は損失として負担しなければならない．また，経営者は，提供された資金を元にして工場を建設し，従業員を雇って，うまく経営を軌道に載せてきた功績から，所有権を主張することもできるであろう．さらに，従業員は，株主および経営者からみて，欠くことのできない存在であることも間違いないが，自己防衛という観点からは，上記 3 者のうち最も弱い立場にある．

いずれにしても，株主，経営者および従業員は，会社を構成する主要なメ

ンバーである，これだけで済むのであろうか．その会社の商品のユーザーも，突然の倒産でも起これば，商品のアフターサービスが受けられなくなるかもしれない．関連会社も，それまでの支払いはもとより，今後も注文が継続的にあると考えて実施した，例えば社員や設備の増強も，役に立たなくなってしまう．従業員や家族は，生活費に困ることになる．すなわち，その会社に関連してきた多くの人達が，直接または間接的に，会社の倒産で，大いに悪影響を受けてしまうことになる．このように考えると，会社は経営者個人のものではないし，また株主だけのものでもないことが明瞭になるであろう．会社は，会社として立ち上がったときから，その会社に関係するすべての人達のものとなってしまうのである．もちろん，その会社に関係するすべての人達が，均等にその会社に口出しできる，あるいは所有権を主張できる，などというつもりはない．しかし，少なくとも，その会社への貢献度に応じて，主張できるのではないか，といえるであろう．いずれにしても，会社は，経営者，株主および従業員，ユーザー，協力会社等，その会社に関係するすべての人達のものであると考えて経営者が経営に当れば，あだやおろそかに，簡単に倒産させたり，あるいは従業員の首切りを行うようなことは極めてできにくいはずである（図 8.6 参照）．

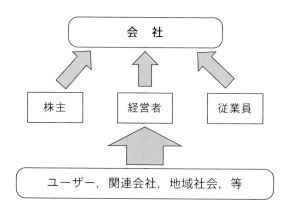

図 8.6　会社は誰のもの？

8.4　会社の使命感

　会社の社会的使命については，現在ほどいろいろと取りざたされるようになった時代はないのではなかろうか．種々の観点からマスメディア等で論じられているように，会社は経営者個人の私有物ではない．たとえ，経営者が自ら資金を工面して，その会社を起こしてさらに大きく育てていくのに多大なる貢献を果たしたとしても，会社そのものは経営者の個人的な所有物でないことは明らかである．ところが，自分で起こして大きく育てていった会社経営者の中には，その会社は自分個人のものであると勘違いして，たとえば従業員が何か意見を上申しても取り合わず，「うちの会社が気に入らなければ，いつでも辞めてもらってもいいぞ」とか，あるいは「そんなにこの会社が気に入らないのであれば，他所の会社へ行って働いてくれ」と平気で言い切ったりする者がいる．これが，経営者の本心なのか，あるいは「売り言葉に買い言葉」なのか，その場にいなければわかりにくいことではあるが，従業員は大切な会社の構成員であるという意識からは程遠い言葉で，従業員の働く意欲を阻害する「禁句」の一つではなかろうか．明らかに時代錯誤とでもいうべき暴言であり，現在であれば「パワーハラスメント」に相当すると考えられる．少なくとも，会社の従業員にとって，もっとも多感で有意義な人生のほぼ 1/3 以上を過ごすのであるから，いや睡眠時間を除くと半分以上の時間を，所属する会社で働く時間に取られているので，できる限り「良い会社」で過ごしたいと願うのは当然であろう．

　では，「良い会社」というのは，どのような会社を指すのであろうか．世間で，「あそこは良い会社ですよ」と噂をされていても，実際に中に入って働いてみた場合，世間の噂と実態とが大きくかけ離れているということはよくあるので，そのような噂は必ずしも信用できるものではない．従業員にとって，いわゆる居心地の良い会社であるかどうかは，経営トップの考え方の影響が大きいと考えられるので，少なくとも経営者は会社の使命感を充分に認識して，会社運営にあたる必要がある．

　会社を運営し，多くの従業員をある「一定の方向」に引っ張っていくこと

は容易ではない．とくに「利益共同体」であるというだけでは，たとえば不況で会社の利益が思うように上がっていない場合は，従業員に不満が噴出する．というのも，利益共同体というのは，一緒に仕事をすることでより多くの利益を上げて，上げた利益を効率よく分配しましょう，という考えのもとで集まっているので，利益が思うように上がらなかった場合，期待値よりも少ない金額しか配分できないので，共同体の一員である意味が崩れてくることになるからである．もちろん，人は必ずしも「利益」だけでは，動かされないという場合も存在する．とはいうものの，「利益」を伴わない行動には限界があるのも否定できない．「利益」をここでは，「収入」あるいは「給料」と言い換えても構わない．それでは，「利益」以外に，多くの従業員の心をまとめるものには何があるであろうか．その原動力の一つが「使命感」であろう．会社の経営を通じて，世の中をどのように変えていくのか，あるいは多くの人々のためになると，信ずる方向に世の中を変えていく「使命感」が必要であろう（図 8.7 参照）．換言すれば，使命感は会社を運営するに当たっての「精神的支柱」の役目を負っており，たとえ会社が危機を迎えても，経

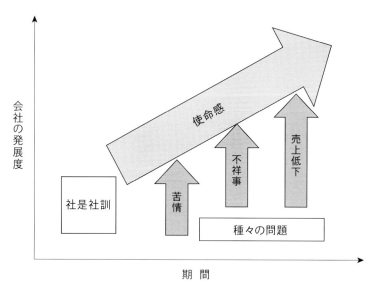

図 8.7　使命感は会社を困難から救う精神的支柱

営者以下，全従業員が一致団結して，なんとかこれを支えに乗り切っていこうという気持になるであろう．逆に，使命感の欠如している会社が，大きく成長していった場合に，どこかで内部歪が発生して，これまでの驚異的な成長がウソのように停滞したり，場合によっては，会社が分裂したりあるいは，経営危機に陥ることもあり得る．

　使命感は，特に会社の創設者の強い信条のもとに成り立っている場合が多いと思われる．しかもそれは代々の経営者に引き継がれてきており，具体的には「社是」あるいは「社訓」として明示され，多くの従業員や株主，さらにはその会社を訪れる関連会社および顧客達の目に触れるようになっていることが望ましい．もちろん，使命感は，その時々の社会環境や時代の変遷とともに，少しずつ変化してくることはあり得るので，上記の「社是」あるいは「社訓」とは別に会社の使命感として，提示するのも一つの方法であろう．少なくとも，使命感は，社是や社訓などに記載されている内容と矛盾しなければ，時代とともに変化しても止むを得ないのではないかと考えられる．いずれにしても，使命感は，経営者はもちろんのこと，多くの従業員や株主，さらに関連会社などの，その会社と密接な関係にある多くの人々から支持されるような内容を伴わなければならないことは言うまでもない．この使命感がより多くの人達の共感を呼ぶようであればあるほど，その会社には，より優れた人材や資金が集まるようになり，その会社で生産される商品も多くの人達から支持されて，好調な販売を維持することも期待されるであろう．それゆえ，会社の掲げる使命感は極めて大事であると考えられる．換言すれば，使命感の欠如した会社はいずれ遅かれ早かれ，淘汰される運命にあるともいえよう．

8.5　経営者が考えるべきこと

　新しく経営者になった場合，真先に何を考えるべきであろうか．まず，会社の目的は何かということから考えれば，答は自ずから出てくる．まず，第一に，「商品」を生産し，販売することで社会から，その存在価値を認めて

もらうことであろう．そして，もちろんその生産行為を通じて，利潤を追求することにある．資本主義社会において，会社が利潤を追求することは，社会的に容認されている行為でもある．もし，一定の利潤を確保していない場合には，会社運営を継続的に行うことは不可能となってしまう．この基本形を基にした過程で，もしうまく行っていることが知れ渡れば，ほとんどの場合，競争相手（Competitors）が現われ，後から追いかける場合の方が，たいてい短期間で初期の目的を達成することができるので，今までの商品よりも優れた物が販売されることも起こり得る．俗に，「先人を追い越すは易く，後人に越されざるは難し」と言われている．すると，企業は価格競争に打ち勝つために，コスト削減を行おうとする．コスト削減は，有限な地球の資源を節約して使用することに繋がり，無駄を省き，資源の有効活用を行うのであれば，大いに推奨すべき事柄である．問題は，会社において利潤追求のあまり，会社の社会性を無視した過度な会社中心主義的論理に立って，そのことが実行されることもあったことである．とくにバブル崩壊後の景気低迷により，そのような会社中心主義が，黙認され助長された結果，会社の本来の社会的使命を無視したような行為に走りすぎる場合が往々にして目立つことである．しかし，いずれにしても，工程省略や省力化，省エネルギー等の工夫は，絶えず心がけておかなければならない永続的なテーマであろう．

　第二に，現在の商品にも寿命があることを見越して，常に次の「新商品の開発」を心がけておかなければならないことである．そして，「新商品」のターゲットが決まったら，上記の過程で浮いた人員および利益を活用して，「新商品の生産」に振り向けることである．そのためには，常に技術力の向上等を計らなければならない．表6.1にも一部示しているが，技術力の向上に対して，経営者が何もしないのは，業務怠慢と言われても仕方がない．いずれにしても，このようにして会社として人員削減に伴う「首切り」等の犠牲を発生させることは避けることができる．すなわち，会社は，常にそれぞれの規模において若干の膨張志向するくらいが望ましい．換言すれば，会社は，社会から求められるような商品を生産し続けることによって，その存在価値が認められ，適正な利潤を得て，社会的活動を継続することができるのであ

る．会社は，利潤の確保が真先ではなくて，社会から望まれる商品の社会への提供が第一番目に行わなければならない行為である．社会から，その存在価値が認められることによって，利潤は自動的に伴うようになるのである（図8.8参照）．

　会社は，単なる利潤を追求する組織ではなくて，「商品」を社会に提供することによって，社会的ニーズに答えるとともに，社会に人的雇用を提示し続けている．すなわち，会社は社会的存在価値のある組織であるので，社会性を無視したなりふりかまわないような利潤追求のみに走るあまり，過度のコスト削減や商品の品質保証の無視等の行為は，長期的には有益な方法であるとは考えられない．会社で販売する商品が社会から有用でないと判断されるようになった場合，そのような商品は売れなくなり，ひいてはそのような商品を製造・販売している会社の存在価値もなくなることを意味する．すなわち，そのような会社は社会的使命を大きく逸脱しており，社会的に排斥されるべき行為であるいえよう．

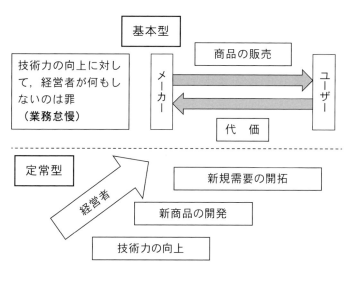

図8.8　経営者が考えるべきこと

8　良い会社の条件

8.6　良い会社の条件

すでに述べてきたように，従業員として働く場合，最も多感で有意義な人生のほぼ半分以上を会社で過ごすことを考えると，大半の人達はできる限り良い会社で過ごしたいと願うであろう．それでは，良い会社とは，具体的にどのようなものであろうか．以下に「良い会社」度の条件を羅列してみることにする [1]（図 8.9 参照）．

①専門能力，プロとして通用する能力が開発できる．

②自発性尊重，社員の希望をかなえ，納得ずくで仕事をさせる．

③評価内容の公開，社内での自分の実績がわかる．

④サービス残業がなく，時間外労働には対価が支払われる．

⑤上下関係，上司への全人格的従属をせずに済む．

⑥意思疎通，自由闊達な社内コミュニケーション．

⑦雇用契約，社員を人間として尊重する．

⑧会社の目的，どんな会社をめざすのか明確．

専門能力 プロとして通用する 能力が開発できる	自発性尊重 社員の希望をかなえ 納得ずくで 仕事をさせる	評価内容の公開 社内での自分の 実績がわかる	サービス残業 時間外労働には対価が 支払われる	上下関係 上司への全人格的従属を せずに済む
意思疎通 自由闊達な社内 コミュニケーション	雇用契約 社員を人間として 尊重する	会社の目的 どんな会社を目指す のかが明確	休日 大切な休みを社用で つぶさない	社会活動 市民として積極的な 参加を奨励する

図 8.9　良い会社の条件（カルタ形式で表示）

⑨休日，大切な休みを社用でつぶさない．
⑩社会活動，市民として積極的な参加を奨励する．

　以上の項目をカルタに記して，その該当する枚数を数え，表8.1に示す基準で良い会社かどうかの判断を下す方法である．この方法は簡単であり，誰にでも理解しやすいという特徴がある．しかし，内容を検討してみると，いずれももっともらしい項目ではあるが，それらがすべて同一の評価となっていることに合点がいきにくい．さらに，⑪会社の将来に夢を持つことができる，⑫業務に関連した各種の資格を取得することを推奨し，それをキチンと評価するシステムがあること，の2項目を付け加えたい（表8.2参照）．というのも，前者について，会社の将来の命運に関することであるので，直接従業員の生活に影響しかねない重要な項目であると考えられる．また，後者の場合，ともすればマンネリズムに陥りかねない日々の生活においても，資格への挑戦という新しい目標を掲げることで，必死で努力することになる．ひいては，有用な資格を有する社員が増えることで，その会社に活力が生まれ，外部に対して新しいセールスポイントとなり得ることで，よりレベルの高い人材の確保に結びつきやすくなると考えられる．すなわち，個々の従業員の仕事に対するモチベーションを高めるだけでなく，その会社の従業員のレベルを外部に向けて誇示できることにつながる．また，そのように各種の資格を取得しておけば，たとえば何らかの理由で，会社の事業を縮小しなければならなくなり，そこで働いていた従業員を他に転用せざるを得なくなった場合，いわゆる専門家として活用しやすくなる．

　このような前提のもとで，筆者はこれらの12項目に少し重みをつけてみたらどうかと考えた．技術系と事務系とでは少し評価する項目も重みも異なるかもしれないが，ほとんどの人達は，その会社を選択した動機について，意識的にせよあるいは無意識的にせよ，会社活動を通じて，自分の生活を安定させ，かつ社会的にも貢献することを願っていると考えられる．

　それゆえ，重視するのは，「①専門能力」およびそれに関連した「②自発性尊重」ではないだろうか．さらに，「③社内での評価」が公正に行われているかどうかはとくに重要な項目である．なぜならば，社内での評価が給料

表 8.1 良い会社の条件

枚　数	判　定	参考意見
9～10 枚	良い会社	もし会社に不満がおありならば，原因は多分あなたに，自立したビジネスマンを会社は望んでいるのです．
6～8 枚	まずまず良い会社	会社の良い面を利用して，プロとしての能力を磨くなど自分の商品価値をさらに高めてください．
3～5 枚	普通の会社	赤提灯で不満を爆発するエネルギーを，自己研鑽に振り向けてください．上司や同僚との多少の摩擦は覚悟の上で．
0～2 枚	悪い会社	専門能力を身につけ，できるだけ早いうちに退社することをお勧めいたします．

表 8.2 良い会社の条件（修正版）

項　目	点数
①専門能力，プロとして通用する能力が開発できる	[2]
②自発性尊重，社員の希望をかなえ，納得ずくで仕事をさせる．	[2]
③評価内容の公開，社内での自分の実績がわかる．	[2]
④サービス残業がなく，時間外労働には対価が支払われる．	[2]
⑤上下関係，上司への全人格的従属をせずに済む．	[2]
⑥意思疎通，自由闊達な社内コミュニケーション	[1]
⑦雇用契約，社員を人間として尊重する．	[1]
⑧会社の目的，どんな会社をめざすのか明確．	[1]
⑨休日，大切な休みを社用で潰さない．	[1]
⑩社会活動，市民として積極的な参加を推奨する．	[1]
⑪その会社の将来に夢を持つことができる	[2.5]
⑫業務に関連した各種の資格を取得することを推奨し，それをキチンと評価するシステムがあること．	[2.5]

に直接響いてくるからである．すなわち，当人にとっては死活問題と考えられる．社内評価に関しては，完全なガラス張りは難しくとも，ある程度の客観的な基準が提示されていることが望ましい．また，「④サービス残業」の問題は管理職になれば関係がなくなるが，少なくとも社員が不満を持ったまま，仕事に取り組んでいるような雰囲気は望ましくない．仕事に対する正当な対価は支払われて当然であろう．次に，「⑤上下関係」に関しては，以前ほど変な上司は少なくなっており，むしろ大変優しい上司が増えているように受け取っているが，会社での上下関係等は楽しく仕事を行う上では極めて重要な項目の一つであろう．それゆえ，以上の五つの項目については，とくに重視する必要があると考えられる．

　一方，入社以前あるいは就職活動の時点で，「⑧会社の目的」および「⑦雇用契約」については承知の上であると判断できる．さらに，「⑥意思疎通」についても，すでにその会社に入社している先輩などからの情報で，その雰囲気を察知できるのではなかろうか．また，この項目は，「⑤上下関係」とも関連していると考えられる．「⑨休日」および「⑩社会活動」もしごくもっともな内容ではある．仕事の量については波があるのは，どのような業種でも変わらないであろう．仕事量が多いときは，休日出勤も止むを得ないことは理解すべきであろう．しかし，それが常態化していてはならない．社会活動に関しても，会社が積極的でない場合は，直接または上司を通じて提案すれば，前向きに検討してくれるかもしれない．いままで積極的でなかったのは，誰も提案する人がいなかったから，という理由である場合も珍しくないのである．このような理由から，①〜⑤に関して2点を，⑥〜⑩については1点をつけて，最後に，⑪および⑫の2項目に関しては各2.5点をつけて，合計20点満点で再評価することを提案したい（表8.3参照）．もちろん，16〜20点の評価となるのが望ましいが，たとえそれ以下の場合であっても，どこが問題であるのか，極めてわかりやすいので，経営者に対して，対策を提言しやすい．さて，あなたが勤めている会社の評価は何点だろうか．

表8.3 良い会社の条件（修正版）

点数	判定	参考意見
16〜20点	良い会社	あなたはまれにみる素晴らしい会社で働いています．ますます専門能力を高めるとともに，会社の技術力向上にも貢献してください．
11〜15点	まずまず良い会社	会社の良い面を利用して，プロとしての能力を磨くとともに，問題点を指摘して，皆でより魅力のある会社へと転換するように努力してください．
6〜10点	普通の会社	飲んだ時不満を爆発させる代わりに自己研鑽に努める一方，同僚達と良い会社に生まれ変わるための具体的提言をしてください．
0〜5点	悪い会社	世間に通用する専門能力を身につけ，できるだけ早期に，かつ円満な形で退社することをお勧めします．

8.7 ブラック企業とホワイト企業

　2015年12月25日（金），広告代理店最大手D社に勤務していた女子社員T・Mさん（24歳）が投身自殺を行った．その後の，SNSを含むマスメディア等の報道から，まとめると以下のようになる（表8.4参照）．T・Mさんの1か月間の残業時間は，100時間を超えていたにもかかわらず，会社には70時間未満しか申告しておらず，土日出勤のうえ朝5時帰宅という日も珍しくはなかったとか．なお，D社では，「鬼十則」を手帳に記載し，日頃から猛烈社員であることを当然のように推奨していた．この事件が波紋を呼び，常態化している「サービス残業」，「違法な過剰労働の疑い」等で，厚生労働省各地域労働局の強制捜査が入り，本社および関連2支社の実態調査が行われ，過労死であるとの認定がなされている．その後D社では，社長の音頭で，「チーム力を結集し，新しいD社を作り上げていこう」と，全社的に呼び掛けて，本社では強制的に22時には一斉に消灯するようになっていると報道されている．たとえ，このような対策が講じられるようになっても，貴重な若い命は戻ってはこないことは確かである．新入社員同様の一番の弱者の犠牲が発生する前に，何らかの対策が打たれていれば，と遺族でなくとも残念

表 8.4　過酷労働による犠牲の一例

> 2015 年 12 月 25 日（金）大手広告代理店 D 社女子社員 T・M さん（24 歳）が投身自殺を行った．
>
> 1 か月間の残業時間は 100 時間を超えていたが，実際の申告は 70 時間を超えることはなかった．
>
> 土日勤務，朝 5 時帰宅という日もあった．
>
> 過労死と認定され，D 社の本社および 2 支社には各地域労働局の強制捜査が入った．
>
> その後，D 社では，社長の音頭で「チーム力を結集し，新しい D 社を作り上げていこう」と，全社的に呼び掛け，本社では 22 時に強制的に一斉に消灯を実施．
>
> 「サービス残業」「違法な過剰労働」等の疑い，犠牲者が出るまで，過酷な労働条件を改めようとしないわが国の企業体質が根底に存在．

でならない．

8.7.1　ブラック企業とは

　昨今，企業に対する憂慮すべき言葉が現れた．それは，ブラック企業またはブラック会社と呼ばれるものである．では，ブラック企業とはどういうもので，どういういきさつから出現したのであろうか．ブラック企業とは，広義には入社を勧められない労働搾取企業を指す[2~4]．英語圏では，一般的にスウェットショップ（Sweatshop）と呼ばれている他，中国語圏では血汗工場（血汗工廠）とも呼ばれる．もう少し，文献に基づいてブラック企業について触れてみよう．当然，ブラック企業は，労働法やその他の法令に抵触し，またはその可能性があるような条件での労働を，意図的・恣意的に従業員に強いたり，関係諸法に抵触する恐れがある営業行為や従業員の健康面を無視した極端な長時間労働（サービス残業）を強いたりする．あるいは，パワーハラスメントと呼ばれる暴力的強制を常套手段とし，本来の業務とは無関係な部分で，非合理的負担を与える労働を従業員に強いる体質を持つ法人（学

校法人, 社会福祉法人, 官庁や公営企業, 医療機関なども含む) のことを指す.

8.7.2　ブラック企業出現のいきさつ

　どうして，このようなブラック企業が現れたのであろうか．1990年代初頭のバブル景気崩壊により，いわゆる失われた20年の始まり以降，会社の経営者達は会社の経営を維持するために，できるだけ「無駄を省く」ことによって，「コスト削減」に努めてきた．このような努力が行き過ぎて，ブルーカラーやホワイトカラー，正規雇用や非正規雇用に関わらず，特に末端の従業員に過重な負担および極端な長時間労働などの劣悪な労働環境での勤務を強いて，それを一向に改善しない会社が現れた．このような会社へは，当然入社を勧められないし，万が一誤って入社したとしても，早期の転職が推奨されるような体質の会社である．

　ブラック企業には，労働集約的体質の企業が多く，とにかく多くの人手を必要としているために，一般的な会社と異なり，入社は比較的簡単であり，内定も早い．それだけに，代わりはいくらでも補充できるので，末端の従業員にとっては，使い捨ての消耗品的扱いを受ける場合も少なくない．そのために，ブラック企業においては，常に従業員を募集し続けているのが実態である．入社後に社員に待ち受けているのは，厳しいノルマ，長時間労働，サービス残業などであり，一方的な会社の利益が求められ，低賃金の割には人のやりたがらない仕事，割に合わない仕事などを半ば強制的に押し付けられ，肉体的，精神的にも疲弊して破綻を来し，最後には自己都合退職扱いで，職場を去るように追い込まれる．したがって，このような会社では平均勤続年数が短いうえに，短期間での離職率も高い反面，多額の広告費を人材募集に費やすなど，人の出入りの激しい企業体質となっている（図8.10参照）．したがって，会社を選定するにあたって，その会社に先輩や友人がいれば，入社試験を受ける前に，面談して彼らから本音のところを聞いておけば，後悔することが少なくなる．

　もう少し，ブラック企業の特徴について，文献1) を参照しながら，言及してみよう．まず，「経営者や上層部に起因する問題」として，「責任感の欠

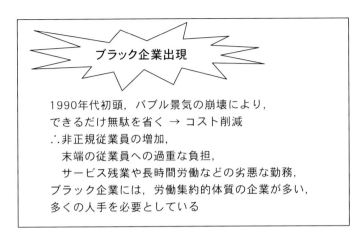

図 8.10　ブラック企業出現のいきさつ

如」が挙げられる．すなわち，経営者・上層部は「社内で強大な権限を持つ代わりに重い責任をも負っている」という根本的な責任の自覚がない．現実的には，権限だけ大きく，責任は末端に押し付けていることもある．そして，末端従業員の犠牲と大量消費を前提とした経営を行い，一時的に大量採用し，社員を名ばかりの管理職にするなどして，従業員の過剰な負担や，短期の雇用による使い捨てを前提とした会社運営を行っている．また，「組織の欠陥」として，合理的・合法的に仕事を行う組織やルールを作らない，作ることができない，もしくはたとえそれが存在していても，職務分掌がまともに機能していない，などの問題が指摘されている．したがって，社内では上層部の問題行為の横行が見られ，自己保身のために，部下やその周囲を次々と食い潰す，クラッシャー上司の存在，同様の行為を部下や同僚に行う正社員・従業員を放置して，これらを職場の問題として認識し，対処するシステムがない．さらに，労働組合が存在しない，もしくは存在していても御用組合になっており，この組合が会社の主張を，労働者側に無理矢理に認めさせたり，労働者を監視したりする役目を担っている．また，「給与・待遇面の問題」として，残業が当たり前で，定時に終わらせることが無理な仕事量を常時，従業員に押し付け，それが常態化している．しかも，定時には社員全員のタイ

ムカードを押させるなどの工作をして，勤務記録の偽造や捏造，あるいは悪質なケースでは勤務記録の改ざんを行うなどして，サービス残業を強制し，正当な給料を支払おうとはしない．

このようなブラック企業に就職した場合，常識的な円満な退職は期待することができない．従業員が退職を申し出たりした場合，短期間かつ単純には辞めることができず，次の再就職を妨害したり，あるいは脅迫したりして，退職日を勝手に先延ばししたりする．その一方では，会社の都合により，自由に退職あるいは実質的には解雇したりする（図 8.11 参照）．

そこで，このようなブラック企業を見分ける方法として，離職率，平均勤続年数，および社員の待遇から判断する方法がある．離職率の高い企業や，平均勤続年数の短い企業は，企業規模の大小，外資系，老舗，有名企業に関わらず，逆に新興企業や零細企業でも，ブラック企業の扱いを受けても変ではない．しかし，離職率は，産業の種類によって大幅に異なり，外部にほとんど公開されず，たとえ公開されていてもその数字の信憑性も検討する必要があるので，企業ごとに実情を見抜くのは現実的には困難となろう．ブラック企業自体も，定期的な広告を行い，サンプル提供などにより，企業や事業

経営者や上層部：責任感の欠如
組織の欠陥：合理的・合法的に仕事を行うルールがない
給与・待遇面の問題：サービス残業が常態化，等

ブラック企業の見分け方：離職率が高い，平均勤続年数が異常に短い，元従業員などの評価が悪い，地域との共生を無視，同業他社からも浮き上がった存在

図 8.11　ブラック企業の特徴

所の内部が紹介されることも少なくないかもしれないが，それには悪しき実情を隠ぺいして，従業員に課している労働問題が外部に露呈されるのを妨げるような工作を行う可能性がある．

　ところで，ブラック企業は，他社や周囲の過重な負担，自らの業界の発展への阻害など顧みずに，自己と経営陣の経済的利益のみを追求する自己中心的利益追求体質がその本質であるために，たとえば地元貢献，社会奉仕，地域との共生，業界の成長などという理念とも無縁の存在である．そのため，企業の所在地である地元の行政と良好な関係を築くこともなく，元従業員からの評価も芳しいものではなく，さらに同業他社からも浮き上がった存在となっている場合が多い．このような形で，地元・地域行政，元従業員，同業界などから，ブラック企業ではないかと考えられる企業の評価を得れば，ほぼ的を射た結論にたどりつくことができよう．その他，ブラック企業に関しては，かなり多くの著書が出版されており，より詳しい内容を知りたい方は，それらを参考にしていただきたい．

8.7.3　ホワイト企業

　これまで述べてきたブラック企業に対応する形で生まれてきた言葉である．したがって，その中身は，ブラック企業の体質をそのまま裏返せばよい．すなわち，「ホワイト企業[2)]」とは，社員の待遇や福利厚生施設が充実し，サービス残業や長時間の過酷な労働を強いたりしないのはもちろんのこと，給料やボーナス等の賃金の支払いに関しても，全く問題なく行われ，従業員から働きやすいと判断されている，特に優れた企業というような意味である．それゆえ，このような企業に入社することが好ましいと考えられ，新入社員の定着率も高く，従業員が中途で退職する離職率が極めて低くなっているのも特徴である．このようなホワイト企業は，良い会社の見本の一つでもある．結論から言えば，ホワイト企業は，できる限り従業員のためを考え，従業員の立場に立って，従業員から好まれるような運営を心掛けている企業ということになる．このようなホワイト企業が一社でも多く増えてくれれば，わが国の未来は明るいものとなることが期待される．当然，このようなホワイト

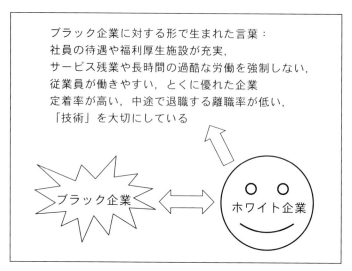

図 8.12　ホワイト企業の特徴

企業が，ホワイト企業であり続けるためには，技術力の裏付けなしには存在しにくいことは容易に想像できよう．なぜならば，上記のようなことを実現しようとした場合，会社の収益が確保されている必要があること，そのためにはその会社の商品が競合他社に比較して，「差別化された状態」にあること，そしてそれが定常的に販売できていること，等が満足されていなければならない．そのためには，その会社は相当の技術力を有していないと，このようなことが実現できないからである．繰り返すことになるかもしれないが，会社がホワイト企業であり続けるためには，技術力なくして実現は困難であることを肝に銘じていただきたい（図 8.12 参照）．

8.8　技術の海外流失防止対策

8.8.1　技術の海外流出はなぜ起こるのか

　このところ，わが国の優れた会社の技術が，海外たとえば韓国や中国などの近隣諸国に流失し，そのためにわが国の製品の販売に深刻なダメージを与

えていることが問題となっている．とりわけ，韓国は日本とは極めて近い距離にあること，経済的レベルにそれほど大きな差がないこと，隣国のため行き来に便利であり，一部日本語が通じたりすることなどから，日本の先端技術の流失が陰に陽にマスメディアに取り上げられることも多い．実態が未知の部分も多いが，たとえば金曜日の夜成田を出航し，土および日曜日と韓国の会社で働き，その日の夕方また成田に戻って，月曜日から元の職場で働く．これだけで，給料が以前の2〜3倍にもなるとの噂も一時は広がっていた．中には，年間1億円以上もの高額な給料を提示された者もいるとの話もあり，その代わり技術が役に立たなくなったら即首になる条件を受け入れなければならないドライさには，現在の安定した日本の会社を辞めてまで，挑戦する人は少ないのかも知れない．さすがに，ほとんどの会社は，原則として兼職を禁止しているので，このようなことが露見した場合，懲戒処分の対象となると考えられる．日本の会社で働いている分には，生活に困らないだけの収入が得られているのに，それ以上の収入を求めて，外国の競合会社でこっそりと働いて，より多くの収入を得ようとする行為は，世間から賛同が得られないであろう．また，日本の会社で働いていて，不満があるからと言って，現在の職場を辞め，その駄賃に会社の秘密のデータをこっそり盗み出して，それを外国のライバル会社に「持参金」として持ち込むような行為もまた世間の糾弾を受けるであろうし，背信行為として法に触れる恐れも高い．それゆえ，各会社も，このような貴重なデータが外部に流失しないように，たとえばUSBメモリ[注1]に落とし込むことを禁止したり，ましてや自宅に持ち帰ることなども禁止しているところも増えている．このように，法に触れるか触れないか，ぎりぎりの行為は，ある程度は各会社で，適切な「禁止事項」を設けることによって防げると考えられる．

　問題は，たとえば65歳満期まで働いても，まだまだ身体は元気であるという人も少なくはなく，このような人達の処遇をどうするのか，ということ

注1) USBメモリとは，Universal Serial Busの頭文字をとって，USBと表示されている外部記憶装置で，USB stick等いくつかの呼び名がある．2000年前後から普及しはじめた電子部品製品で，極めて小型・軽量で大容量で，衝撃にも強く，現在では数百GBあるいは1テラバイト（TB）を超す容量のものも売り出されている．

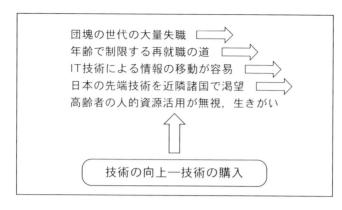

図 8.13　技術の海外流失

である．彼らは，一応年金は支給されており，経済的には贅沢さえしなければ生活の不安はなく，なんとかやっていける身分の人達が大半であろう．一部の人達は，遊休状態の土地を借りたり，あるいは田舎に帰ったりして，農作業に精を出して，野菜作りなどをやっている．しかし，必ずしもそういう人達ばかりではない．身体はしっかりしている，頭の働きも悪くはない，これまで企業戦士として一途に仕事に励んできており，経験豊富である．まだまだ，働く気は残っているが，問題はしかるべき仕事に恵まれないため，毎日ぶらぶらしているか，あるいは麻雀や碁・将棋などで時間をつぶしている者が結構多いことである．実に「もったいない」と思わないだろうか．このような人達をそのまま放っておいて良いだろうか，貴重な人材がそのまま活用されずに，埋もれていこうとしている．わが国の人的資源の活用という観点からも，憂慮すべき問題ではなかろうか（図 8.13 参照）．なるほど，人間の体力は年齢とともに低下するのは明らかではあるが，脳年齢の低下は極めて緩やかであると言われている．記憶力も年とともに低下の傾向にはあるが，物事の理解力や解析力は逆にいつまでも衰えにくいと考えられている．このような経験豊かな OB たちを活用することによって，①労働人口の減少の歯止め，②税収の増額，③医療費などの社会保障費の低減，等，現在わが国が抱えている，「少子・高齢化に伴う種々の問題」の多くに対して，解決の道

筋を与えてくれることが期待できよう．

8.8.2　技術の海外流出の防止策→OB（熟年技術者）の活用

　まず，①健康であること，②特殊な能力を維持していること，および③本人も継続して働くことを願っていること，この3条件が揃えば，引き続き原則として従来の職場で働けるようにしてはどうであろうか．それも，年齢制限をなしにする，という条件で行い，それに対して，国または地方自治体から，その会社には奨励金を付与するとか，あるいは税制で優遇する等の措置を行えば，さらに全国的に広まりやすくなることであろう．ただし，若い人達の職場を奪ったり，あるいは成長の芽を摘むことがないように配慮しなければならない．そのためには，一度停年退職したOB（熟年技術者）は，原則として役職から離れて一従業員として「遊軍的な存在」で業務に当たること，給料は以前の半額程度とし，1週間のフル勤務でなくとも，本人の希望と職場の事情との兼ね合いで，どのような勤務体系にするのか，決定すればよい．「遊軍的な存在」とは，たとえば従来人手不足のために，手を付けかねた分野に当たってもらうとか，それをこれまでの深い経験と知識でもって，以前からペンディング状態の「問題商品」を甦らせたり，あるいは新しい仕事を探してきて，それを軌道に乗せるようにすれば，「新商品の開拓」にもつながり，ひいては職場を拡充することにもなる．さらに，若い従業員に「技術の伝承」を行うことも大切な役目の一つであろう．このようにすれば，後輩達の職場を奪うことも，彼らが大先輩の目を気にしながら，仕事に向かうようなこともなくなるし，業務でわからないときには，大先輩の知恵をお借りすることも可能である．給料が，現役時代の半分程度に減額されたとしても，すでに年金も支給されており，両方合わせれば，結構な金額になることは間違いないが，会社としても半額程度で優秀な能力と，豊かな経験を備えた人材を雇用できるので，とても安い買い物となるのではなかろうか．熟練の企業のOB達のうち，何割かはまだまだ働きたいと願っているのに，働く場所がないことを嘆いていると考えられる．彼らは，決して高い給料を欲しているのではない．「生きがい」を欲しているのであって，その際に働きに

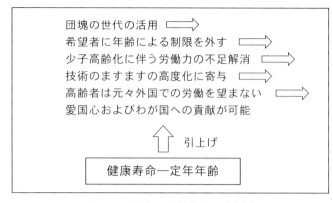

図 8.14　技術の海外流出の防止策

応じて若干の報酬が結果的に伴ってくれれば言うことはない，これが本音ではなかろうか．無料奉仕（ボランティア）という表現は，聞こえはいいが，当人のモチベーションを高めることに繋がらないし，第一に継続性という観点からも望ましくはないと考えられる．

このように，これまでの技術と経験をうまく活用することによって，たとえば近隣の諸外国から，多少の高級を餌にして，彼らの持つ技術を盗用しようとしても，そのような餌に食いつく人はほとんどいなくなるのではないだろうか．人間，ある程度経済的に満たされていれば，周囲から冷たい目で見られるような思いをしても，しかも年齢的にも高くなっていれば，わざわざ外国にまで出かけて，働きたいとは思わなくなるものである．このようにして，貴重な技術の海外流出を防ぐこともできるのではないかと考えられるので，経営者の方達はぜひ一考していただきたい（図 8.14 参照）．

参考文献
1) 日経ビジネス編，良い会社―長寿企業の条件，新潮文庫，（平成 4），pp.15.
2) フリー百科事典，「ウィキペディア（Wikipedia）」による
3) たとえば，ムネカタスミト：ブラック企業の闇－それでもあなたは働きますか，晋遊社，（2008）．
4) 恵比寿半蔵：実録・ブラック企業の真実，彩図社，（2009），など多数．

9 おわりに

「産業界を生き抜くための技術力」という主題のもと，主に製造業の立場に焦点を当てて，述べてきた．しかし，これらの考え方は，何も製造業のみにとらわれることなく，それ以外の産業にも適用できると判断している．いずれにしても，わが国の種々の産業の振興，ひいてはわが国の繁栄に貢献するためにも，ぜひ「必要な力」の一つではないかと考えている．

「産業の振興無くして，わが国の繁栄無し」．

9.1 「夢」を抱くこと

「老人は過去を語るが，若者は未来を語る」という言葉がある．これは，文字通り，老人には多くの誇るべき過去があるが，その反面，未来の可能性がだんだん少なくなっているので，未来のことは語ることができにくい．一方，若者はその反対で，誇るべき過去の経歴は少ないかもしれないが，未来の可能性が極めて多く，希望にあふれていることを示している．

ところで，人間，誰しも苦しい時は，ある程度我慢して，不平や不満も洩らすことなく我慢して，凌いでいく時期もあるが，経済的にも精神的にも，充足するようになって，少し余裕が出てきた時，過去の「不満」が吹き出す場合がある．会社においても，創業時の苦しい過程を乗り越えて，ある程度以上の規模に成長してきた時，社内にたとえば派閥のようなものができ，意見の対立からお互いに足を引っ張り合うようなことも起こり得る．そのために，せっかく大きくなった会社が経営的に苦しくなって，かえって倒産の危機に陥ることも珍しくはない．いわゆる内部摩擦である．内部摩擦は，「百

害あって一利なし」の現象であるので，とくに経営者はこのような事態の発生を防止しなければならない．そのための方策の一つが，社内での風通しを良くすることであろう．すなわち，「上意下達」「下意上達」が普段からスムーズに行われていなければならない．また，経営者は，全従業員から賛同が得られるような「夢」を提示しておく必要がある．このような夢は，会社の社是，あるいは社訓と矛盾するようなものであってはならないし，またあまりにも突飛過ぎて，いわゆる「夢物語」で終わるようなものであっても支持されないと考えられる．今すぐには無理であっても，ある程度は実現の可能性があるのが理想的である．このような夢を抱くことによって，たとえば会社の経営が苦境に立たされて，従業員に満足なボーナスを支給できないときでも，その夢が支えになって苦境を脱することも可能となる．さらに，従業員の多くが，「夢」を実現させるために努力を繰り返している姿を見せれば，社内の不平・不満分子も，必然的にそれに同調して，ともに協力しようという気持が湧いてくると考えられる．会社を「硬直化」から防止するために，「夢」を持ち未来に向かって頑張っていこうという姿勢を示すことが重要である．

9.2　自強不息，知行合一

　数年前まで，筆者が所用でしばしば訪れていた都市がある．それは，中国の東北部である遼寧省の州都，瀋陽という町である．人口約750万人，中国，東北地方の主要都市で，空港から街の中心部まで自動車で30分間位で，利便性に恵まれている．しかし，冬の寒さは厳しく，夜中には氷点下20℃以下に下がることは珍しくなく，空港から市内に向かう途中で渡る幅約200m程度の河も全面凍るほどである．その反面，冬に多くの雪が降ることは少なく，空港や高速道路が閉鎖になることもほとんどない．この瀋陽市に，東北大学がある．日本の東北大学と同じ名前であるだけでなく，工学系が有名で，とくに金属材料に関して中国で5本の指に数えられるレベルであると言われている．それは，近くに石炭の産地として有名な撫順市や鉄鉱石の産地等も控えていたためであるとのことである．

この東北大学の玄関に掲げられている言葉,「自強不息」,「知行合一」を以下に紹介したい.「自強不息」とは,四書五経のうちの易経に記載されている言葉で,自強が自分自身を強くすること,すなわちレベルアップを計ること,不息が息も継がずに,休むこと無く,というような意味であるので,「絶えず努力すること」と解釈できる.また,「知行合一」とは,陽明学の創始者,王陽明の言葉として知られているが,知っていることと行うこととは同じにすること,すなわち,「知り得たことを実行して初めて有効に活用できる」と理解することにする.

　このように個人の能力が向上し,それを実行する能力も備われば,それで必要にして十分というわけではない.それに加えて,人間性,すなわち人徳も備わっていることが望ましい.会社の場合は,「評判」に該当する.もし,その会社を知る人達から,顔をしかめて一様に「あそこの会社は…」というような言葉が聞かれるようであっては,まさに言語道断であろう.

　さらに,もう一語 「桃李不言,下自成蹊」という言葉を紹介したい.「桃李不言」とは,桃や李は何も言わないけれど,「下自成蹊」とは,その花や実を愛する人達によって,いつの間にかその下に道が形成されるように,徳や人望のある人には自然とそれを慕う人達が寄り集まる,という意味であろう.史記の賛文に記載されている.常に外部からの訪問客であふれているような会社は,魅力があるからで,将来性も大いに期待できよう.

　以上の言葉をまとめれば,「自強不息」,「知行合一」は,一生懸命に努力して自分のレベルを向上させるように頑張りなさい,そして,向上させた知識を社会に生かすために,知っていることを実行に移すようにしなさい,さらに,「桃李不言,下自成蹊」は,それだけで満足することなく,徳を高め,人望が得られるように努力して,自然とその徳や人望を慕って人々が集まってくるように努めなさい,という意味になる.

　本書を締めくくるに際し,進化論で有名なダーウィンの言葉をもじって,以下の文章を提示したい.

　「産業界を生き抜くことができるのは,最も有名な会社ではなく,最も大きい会社でもない.唯一,生き抜くことができるのは,環境の変化に対応で

きる会社である．環境の変化に対応できる能力として，"技術力"が不可欠である」．

　さらに，一言，

　「技術力無くして，わが国の繁栄無し」―筆者．

質問と回答例

> **【質問1】**「技術力」は，とくに製造業にとって重要・不可欠のものと広く認識されていると考えられるのに，これについて取り上げた「著作」が見当たらないのはどうしてですか．

〔回答〕本件に対して，明確な解答をすることはできません．そのため，あくまでも推定の域の範囲で述べることにします．そもそも「技術力」というのは，多くの人達には，漠然としてはいるが，会社を維持運営していくためには，極めて重要なものであること位は，認識されてきていると考えられます．しかし，技術力そのものが，具体的な事物として存在しないこと，さらに業種等の観点からは幅が広すぎる嫌いがあり，それについて記述することにためらいが生ずるか，あるいは最初からとても言及することはできないと諦められていたのかもしれません．すなわち，多くの人達に技術力の重要性は認識されていても，その実態について具体的に把握することが難しいと考えられ，そのために著作として取り上げられてこなかったのではないかと想定いたします．それゆえ，技術力について多少なりとも触れている書籍は，たとえば，成功している会社名を取り上げて，それらの会社の経営者や業績などを紹介しているものはあります．しかし，技術力そのものについて言及している書籍は見当たりませんでした．

【質問2】 技術力を向上させるためには，研究開発力が欠かせない，との指摘がありますが，一方では研究開発に「研究開発部」や「技術研究所」は不要，との表現があります．両者は矛盾しませんか．

〔回答〕技術力の向上に，研究開発部または研究所は大変重要な役割を果たしています．しかし，会社の規模にもよりますが，たとえば30人程度の規模の会社で，3分野の商品を製造・販売している場合，研究開発部門を設置しようとすると，最低限2名/分野×3分野＝6名，それに全体の統括者および事務員各1名を加えると，合計8名程度の要員が必要となってきます．研究部門は間接部門ですから，経費的にもかなりリスクが加わってくるので，ここは必ずしも研究開発部門を設けなくとも，たとえば設計部門，あるいは生産技術部門に，研究開発も包含する体制でもやっていけると主張しています．すなわち，研究開発部門は，不要ではなく「無くともやっていける」と述べており，もしすでに研究開発部門を設置しているのであれば，それらの部門を従前以上に大いに活用することが肝要であると考えていて，決して矛盾はしていません．

【質問3】 わが社の「技術力のレベル」の程度を定量的に評価したいのですが，具体的にはどのようにすれば良いですか．

〔回答〕簡単に理解するため，ステップ I を10点，ステップ II を20点，そしてステップ III を30点とします．また，ステップ I の商品 A を20％，ステッ II の商品 B を50％，そしてステップ III の商品 C を30％の販売割合であると考えると，評価点 $S = 0.2 \times 10 + 0.5 \times 20 + 0.3 \times 30 = 21$ 点，となります．すなわち，総合評価では，「ステップ II 若干強」に該当することになります．今後は，創意工夫および実行に努め，ステップ III の割合

を高めていく必要があると考えられます．

> 【質問4】 問題が発生した場合，すぐに解決案をユーザーに示し，それを実施してなんとなくその件が終了，という場合が多いのですが，このやり方で何か問題はありますか．

〔回答〕問題（課題）に取り組むときに，しばしば民間会社で行っているやり方として，直ぐに対策を立案して，それをユーザーに提示し，受け入れられた場合実行し，それで「お終い」にしている例です．これは，素早いために，とても良い方法のように見えますが，この方法を採用している限り，「技術力」の向上は期待できません．どこがまずいのでしょうか．それは，この問題の「原因」を明らかにしていない点です．まずは，問題発生の原因を明らかにすることです．原因を明らかにすれば，「対策」は，自動的に浮かんできます．

ところで，実用問題の場合，問題発生に対する「対策」は，一つとは限りません．通常，数多くの対策（回答）の中から比較検討し，ベストの案を選んで，それを対策として実行することです．ベストの対策とは，どのようなものでしょうか．それは，コスト最低で，効果が最大となる対策です．しかし，場合によっては，ユーザーの希望により，次善の策を採用しなければならない場合も出てくることでしょう．対策を行った後に，できれば対策通りかどうか，「実証」しておくことです．実証は，ユーザーで行えば良いと考える人もいるかもしれませんが，できれば社内で実証した後に，それをユーザーに適用することです．また，それらの経緯を「報告書」として，記録に残しておくことも肝要です．このようにすれば，類似の問題も含めて，同じ過ち（問題）を繰り返すことが極めて少なくなることでしょう．要するに，多少時間がかかっても技術力の向上を計るためには，

まず原因を明らかにした後，対策を施し，できるだけそれを実証しておくことが肝要です．

【質問5】 技術力の向上には，現在の商品に関わる問題を改善するために，「創意工夫し，それを実行する」ことが重要であることは理解できますが，問題をどのように見つければ良いのでしょうか．

〔回答〕問題の存在は，大別して以下の3か所に存在していると考えられます．それは，資材現場，製造現場および使用現場です．材料を加工し，製品に組み立て，それを商品として販売する行為は，問題との「遭遇」→「解決」の繰り返しであるといっても過言ではありません．それゆえ，上記それぞれの現場で，常に何らかの問題が発生しています．とくに，商品の使用現場からの情報はその後の商品の改良，あるいは新製品の開発のために，有用なことが多いと考えられるので，積極的に情報収集を計ることが大切です．それらの問題は，潜在化あるいは顕在化に関わらず，いち早く取り上げて，それらに対する原因を明らかにして，対策を講ずることが技術力の確立には何よりも重要です．

【質問6】 わが社は，現在ユーザーから指定されたスペック（仕様，Specification）の物を製造し，それを納入するシステムが取られています．自ら改善し，その結果をユーザーに採用されるようにするには，どうすれば良いでしょうか．

〔回答〕ユーザーに納入している商品の使用目的およびスペック等について十分な知識を持っていれば，ユーザーの立場に立った商品の「理想的なスペック」についても想定できると考えられます．現状のスペックと，理想的なスペックとの相違が問題の一つで

あると解釈した場合，両者の相違を縮小することが，課題（問題）となります．このような課題を解決することに取り組み，それを実行し，その結果をユーザーに示せば採用されるようになると考えられます．もちろん，たった1回の課題への挑戦ですんなりとユーザーから採用されるとは限らず，何度も挑戦しなければ成功しないことも多いでしょう．また，その結果が素晴らしいものであれば，これまでのユーザー以外の新規顧客の開拓や，さらには他の商品の開発にも転活用できるようになるかもしれません．いずれにしても，一つの糸口から次から次へと窓口が広がるように仕向けることができるのも，技術力の汎用性の利点であると考えられます．

> 【質問7】 技術に関する「トンネル効果」について，よりわかりやすく説明願います．

〔回答〕商品を販売し，種々の問題を解決して，その結果を商品に反映して，より機能性の高い商品へと進化させていく過程は，一般的には連続性を帯びて進化していくと考えられます．しかし，このような過程をたどる限り，技術的にはだんだんと飽和し，問題解決のための技術のレベルには高い壁が立ちふさがってきます．このような高い壁を越えようとした場合，ハードルが高すぎて，たとえば経済的にペイしない場合や技術的に超えることが困難な場合等が現れます．そのような高い壁を乗り超えるようにしてくれるのが，技術力を高めるために養成してきた創造力，あるいはオープン・イノベーションの手法です．その方法は，技術の高い壁を乗り越えるのではなく，壁に穴を開けたように通過するので「トンネル効果」と称しています．

【質問8】「製品」と「商品」との相違についての説明がありますが，両者の決定的な相違について，説明願います．

〔回答〕「製品」とは，その会社で決められた仕様（スペック）を満足するように作られた物で，「商品」とは，決められた仕様（スペック）を満足するように作られ，かつそれが市場に出された場合に，十分に競争力を有している製品を意味します．したがって，会社の中では製品であり，会社から出された場合は，商品となります．換言すれば，商品は製品に比較して，市場競争原理に耐えなければならないので，それだけ厳しい環境に曝されるが，会社では商品に値する製品を製造することになります．

【質問9】 ここでは，主に製造業に対して「技術力」の必要性が言われていますが，その他の産業についても技術力は必要・不可欠のものでしょうか．

〔回答〕本書で取り上げてきた技術力に関する内容は，他の産業についても，その永続的な運営を計るためには有用と考えられる知見が含まれていると考えています．すなわち，同業他社と同じようなことを行っていただけでは，その会社は他社から抜きんでた存在となることはでき難いでしょう．製造業において「差別化商品」を開発するのに相当するようなことを，他の産業でも行う必要があります．それには，程度問題はあるかもしれませんが，その根本は，ユーザー（お客）から歓迎されるようなことを企画・実行することによって，競合他社以上に売上げを伸ばし，ひいては会社を良くすることに尽きます．これを実行するために，技術力が不可欠です．

【質問10】多くの問題（課題）に対して，限られた人数で効率的に対処するためには，具体的にどのようにしたらよいでしょうか．

〔回答〕確かに，会社で生産活動を行っていく際に注意を払って挙げてみれば，多くの問題（課題）に遭遇することが考えられます．それに対して，それらに取り組むことのできる人数に制限があるのも充分に理解できます．そこで，まずは考えられる問題をできるだけ多く取り上げ，それらを表に書き出します．次に，それらの問題について，緊急性，重要度，コスト，解決までのマンパワー，等の観点から評価点を付けます．わかりやすいようにたとえば5点満点評価，あるいは◎，○，□，▽，×のような記号を使用しても良いでしょう．そして，問題および評価の一覧表を作成しておけば，会社の置かれている立場上，どれから優先して取り組んでいけばよいのか，一目瞭然と考えられます．

【質問11】コスト削減に，技術力はどのような役割を果たすと考えられるのでしょうか．

〔回答〕コスト削減は，商品の製造工程において，発生する種々の問題の一つとして現れてくると考えられます．それらの問題の一つ一つを解決していくことで，それがコスト削減につながる場合もあるでしょう．より積極的にコスト削減を計ろうとする場合，まずは商品の製造工程ごとの「費用」の内訳を分析し，最も大きい割合を占めている工程につき，コスト削減を計ることができないかを検討します．それがある程度達成できる見通しが立ってから，その次に大きな割合を占める工程のコスト削減を検討します．このように，次々と繰り返すことによって，大幅なコスト削減を達成することができると考えられます．これ

らのコスト削減を実行する段階で，その会社が有する技術力のレベルが影響してきます．すなわち，技術力のレベルによって，懸案のコスト削減に成功できるかどうかが決まってくることでしょう．蛇足ながら，コスト削減は会社にとって極めて重要なテーマですが，それだけに終始するのではなくて，そこから生み出したお金を会社の将来の発展のために，活用することが望ましいと考えられます．

【質問12】会社の技術力を高めるための第一段階として，人材開発が何よりも大事と考えています．ところが，人材開発を上司に提言するのですが，とくに費用の面からなかなか取り上げてもらえません．何か良い方法は無いでしょうか．

〔回答〕ご質問者の人材開発への取り組みには，大いに賛成です．技術力の向上には，人材開発がとても重要です．しかし，それを上司に提言しても取り上げてもらえないとのこと，その理由はわかっているのでしょうか．まず，考えられるのは「費用」対「効果」の関係でしょう．また，研修を行う期間，肝心の「生産に支障」を及ぼす恐れがある，との理由もあるかも知れません．これ等の問題をクリアできないと，上司として認めるわけにはいかないという結論になっているのかもしれません．そこで，「社員教育」の必要性およびその具体的効果について，わかりやすく比較検討した資料を作成して提出してはいかがでしょうか．さらに，生産に支障を来たさないような方法での人材育成を提案する必要があるかも知れません．それでも，それが認められないようであれば，別の理由が存在すると考えて，それを明らかにして対策を講ずるべきでしょう．いずれにしても，人材開発は，会社にとってとても重要なことであることは，あまねく認知されていると考えられますので，その必要性を上司に繰り返

し提言し続ければ，受け入れてもらえるようになると思われます．

【質問 13】独創性の豊かな人と組織とは相いれないような気がするのですが，どのようにすれば，独創性豊かな人が組織の中でも実力を発揮できるようになるのでしょうか．

〔回答〕確かに，独創性豊かな人＝個性的な人，と解釈すれば，組織の中でその能力を充分に発揮できにくいような印象を受けるかもしれません．戦後の一時期のように，優れた外国の技術を導入して，それを基にして「商品」を製造するような場合，具体的「目標」が明らかでした．そのため，組織力でもって，「目標」に向かって進めていけば良かった時代で，とくに独創性豊かな人は必要としていなかったと考えられます．しかし，もはや現在ではそのような手法をとることができなくなっており，独創性豊かな人材が要求されています．彼らが組織の中でも十分にその能力を発揮できるようにするためには，能力が発揮できにくいような「規則」は改廃して，できれば上下関係の縛りも緩やかにして，自由な発想で業務が遂行できるような雰囲気を醸成していくことが必要ではないかと考えられます．現在のわが国の会社では，段々とこのような雰囲気が採用されてきていると考えられますが，製造業に限定すれば，そのための職場は，たとえば研究開発部門や企画事業部門など，まだまだ限定的と考えられます．

【質問14】良い会社，悪い会社の判断基準が示されています．不幸にも「悪い会社」の判断となった場合，そこに所属している社員はどのような行動をとれば良いでしょうか．

〔回答〕社員として，できるだけ長くその会社に所属して，業務を通じて社会に貢献したいという気持は共通のものと考えられます．しかし，不幸にも「悪い会社」との評価となった場合，所属する会社が「良い会社」に変わって欲しいと考えることでしょう．それには，以下の三つの手順があると考えられます．①まず，その原因を明らかにすること．なぜ悪い会社との評価になったのか，その原因を明確にし，どのようにすれば良いか明示する．②その結果について同僚等のできるだけ多数の社員の意見を集約すること，③組合または上司等を通じて，会社幹部に意見を提示し，改善してもらうこと．法律に違反する疑いのあるような場合，厚生労働省各労働局に訴える方法もありますが，まずは社内で改善するように努力するべきでしょう．「はい，わかりました」と簡単に意見が受け入れられてもらえないかもしれませんが，会社幹部との根気強い折衝が必要でしょう．

【質問15】現在勤めている会社は，生え抜きの社長で，これまで大きく成長させてきた社長の功績は誰もが認めるところです．ところが，今やワンマン社長となって，社員が意見を言っても「そんなにこの会社で働くのが嫌であったら，いつでも他所の会社に変わってくれてもいいぞ」と言います．かかる社長とどのように対処していったら良いでしょうか．

〔回答〕最近では，数少ない経営者のような気がいたします．典型的な生え抜き社長で，現在の会社を盛り上げてきた功績は誰もが認める刻苦精励型の人物が辿りやすい経歴の一つと考えられます．いくつかの対処方法がありますが，どの方法が最も有効な

のかは，判断がつきかねますが，以下に示します．

（1） 社員の口封じのために，また社長の十八番が出てきた，と解釈して，まともに受け取らないで，無視する．

（2） このようなワンマン社長であっても，苦手な存在が必ずいるはずです．たとえば，社長の親族，取引銀行の頭取，株主の長老，取引会社の社長，等，そのような方々の中から，説得してもらえそうな人を選んで，従業員のやる気を損うようなことを，むやみやたらと言わないようにそれとなく注意してもらう．とくに，従業員は人財，すなわち「会社の宝」である，と考えて取り扱った方がはるかに会社のためになることを理解してもらえるように努力する．

（3） 会社の組合を通じて，上記（2）と，同様の説得をして，考え方を改めてもらうこと，などの方法が考えられます．

いずれにしても，会社のためによりプラスになると信ずるのであれば，当初すんなりと受け入れられなくとも，根気良く訴え続けることが肝要かと思います．

索　引

【あ】

アーク溶接用ロボット ……………… 36
R&D（Research&Development） 65
IGBT（Insulated Gate Bipolar Transistor） ……………………… 36
朝活研修 …………………………… 90
旭山動物園 ………………………… 19
アセアン（ASEAN：Association of Southeast Asian Nations） …… 6
アメリカ的経営法 ………………… 32
安定需要（更新・増設）の確保……… 54
一次産業………………………………… 4
一次資料 …………………………… 74
イメージング・ソリューション…… 34
医薬品……………………………… 29, 30
医薬品事業 ………………………… 34
医療・介護機器…………………………… 41
印画紙 ……………………………… 28
インバーター ……………………… 28
インフォメーションセンター …… 41
インフォメーション・ソリューション
　……………………………………… 34
エア・マルチ・プライアー…… 24, 25
液晶パネル………………………… 29, 30
SNS（Social Network Service） … 107
NC装置……………………………… 38
FCR ………………………………… 34
FCV（Fuel Cell Vehicle） ………… 43
Electric Vehicle …………………… 42
エレクトロニクス（電子工学） …… 36
応用研究…………………………………… 6
OB（熟年技術者） ………………… 153
オープン・イノベーション
　（Open Innovation） ……… 59, 163
お客様志向主義 …………………… 92

【か】

介護アシスト機器 ………………… 41
介護ロボット……………………………… 41
会社30年説 ………………… 104, 109
会社中心主義……………………………… 138
会社の評価………………………… 143
会社力 ……………………… 111, 112, 114
下意上達………………………………113, 156
開発（Development） ……………… 64
過剰労働…………………………… 144
化石燃料自動車………………… 42, 44
画像診断 …………………………… 34
課題 ………………………… 50, 161
活性酸素 …………………………… 30
株式会社安川電機……………… 28, 35
株主………………………… 127, 133
乾板 ………………………………… 28
関連会社…………………………… 127
機械工学…………………………… 36
基幹業務………………………………35
基幹産業……………………………4, 28
企業理念 …………………………… 34
技術………………………… 2, 7, 65, 90
技術の伝承………………………… 153
技術移転（Technical transfer） …… 7
技術開発…………………………… 6, 110
技術開発部門 ……………………… 6
技術革新 ………………… 27, 45, 59
技術革新の動き ………………… 42
技術革新の波 …………………… 32

170

技術供与 ………………………… 60
技術向上（Technical improvement）
　　……………………………… 7
技術公募（Open Inovation）……… 59
技術導入 ………………………… 61
技術力 ……………… 2, 7, 11, 15,
　　　　30, 33, 40, 45, 48, 65, 98,
　　　　　101, 104, 108, 110, 119,
　　　　125, 126, 150, 158, 159, 164
技術力の向上 …………………… 58
技術力のレベル ………………… 160
技術力確立 ……………………… 51
技術力確立のための初歩 ……… 51
技術力確立への実行 …………… 55
基礎研究 ………………………… 6
基礎資材産業 …………………… 4
北風と太陽 ……………………… 132
逆説 ……………………………… 9
業界の成長 ……………………… 149
競争相手（Competitors）………… 138
共同作業 ………………………… 5
協力会社 ………………………… 127
クラッシャー上司 ……………… 147
クレーム ………………………… 53
経営者 ……………………… 127, 133
計画の作成 ……………………… 76
継続は力なり …………………… 90
軽薄短小産業 ………………… 28, 38
化粧品 ………………………… 29, 30
結果の抽出 ……………………… 75
決断 ………………………… 71, 76
原因究明 ………………………… 47
元気な会社 ………………… 46, 114
研究（Research）………………… 64
研究開発（R&D, Research &
　Development）… 65, 68, 90, 91, 99
研究開発計画の作成 …………… 71
研究・開発部門 ………………… 64
研究開発報告書 ………………… 78

研究開発力 ………………… 14, 160
研究テーマの選定 ……………… 72
コアとなる事業 ………………… 32
広告 ……………………………… 106
抗酸化技術 ……………………… 30
高度な技術力の確立 …………… 56
高品質な商品 …………………… 99
合理的設計へのアプローチ …… 56
国内需要の低迷 ………………… 3
コスト削減 ………………… 138, 165
個性的な人 ……………………… 167
コダック社 ……………………… 30
コニカ（現 コニカミノルタホールディ
　ングス）…………………… 28, 30
御用組合 ………………………… 147
コラーゲン ……………………… 30

【さ】

サービス業 ……………………… 18
サービス残業 ……………… 143-145, 148
サーボコントロール技術 ……… 38
サーボモータ …………………… 36
サイクロン（搭載）掃除機 …… 23, 24
サプリメント ………………… 29, 30
差別化商品 ………………… 15, 56, 92, 99
産業構造の変化 ………………… 45
産業構造の変革 ………………… 27
産業の空洞化 …………………… 3
産業用ロボット ……………… 28, 36
三上の法則 ……………………… 81
GM ……………………………… 43
事業部制 ………………………… 123
自強不息 ………………………… 157
資源 ……………………………… 2
至高の戦略 ……………………… 57
資材現場 …………………… 49, 73
市場競争力 ……………………… 97
市場占有率 ……………………… 60
自転車操業 ……………………… 12

索　引　171

自発性尊重…………………	140
使命感………………………	136
地元貢献……………………	149
社員研修 …………………	89
社会奉仕……………………	149
社訓…………………………	137
写真感光材料 ……………	28
写真機 ……………………	28
写真フィルム ……………	28
社是…………………………	137
社内報告 …………………	78
従業員………………………	127, 133
重厚長大産業………………	28, 38
終身雇用……………………	5
受注量 ……………………	15
仕様…………………………	162
上意下達……………………	113, 156
商業用印刷機………………	30
上下関係……………………	143
使用現場……………………	49, 73
硝酸銀………………………	28
少子・高齢化………………	3
上昇志向……………………	117
情勢判断 …………………	75
小の表札作り………………	86
商品…………………………	91, 96, 164
情報収集……………………	70, 73
将来への不安感……………	3
新規需要開拓………………	54
人材開発 …………………	107, 108, 166
人材は人財 ………………	131
人事部門……………………	5
新商品の開発………………	102
人的資源の活用……………	152
水素自動車 ………………	45
水素社会 …………………	45
スウェットショップ(Sweatshop)…	145
スペック(仕様, Specification) …	162
滑り軸受 …………………	36

制御盤 ……………………	35
精神的支柱…………………	136
製造・加工現場……………	73
製造原価……………………	96
製造現場 …………………	49
製造・品質管理部門 ……	5
正の循環……………………	70
製品………………………	96, 164
世襲経営……………………	117
設備投資……………………	106
攻めの戦略…………………	56
選択と集中 ………………	32
専門能力……………………	140
創意工夫と実行 ………	10, 47, 94, 118
相互関係の表示 …………	86
相互信頼性 ………………	54
増殖効果……………………	107
創造性豊かな人……………	167
創造力 ………………	76, 79, 80, 163
早朝研修 …………………	90
組織の力 …………………	83, 113
ソフトウェア ……………	35
ソリューションサービス ………	35

【た】

第Ⅰステップ(技術力確立のための初歩)…………………………	51
大気汚染 …………………	42
大企業病……………………	121
対策(案)提示………………	47
対策実施 …………………	47
第Ⅲステップ(高度な技術力の確立) ………………………	56
ダイソン社 ………………	23
第Ⅱステップ(技術力確立への実行) …………………………	55
タイム・スケジュール ………	76
ダイムラー社 ……………	43
高い壁………………………	163

脱ガソリン車 …………………… 42
地域との共生…………………… 149
地球温暖化防止 ………………… 42
知行合一 ………………………… 157
チャレンジ ……………………… 122
チャレンジ精神 ………………… 124
中の表札作り …………………… 86
調査報告書 ……………………… 71
長時間労働 ……………………… 145
DCサーボモータ ……………… 36
ディーゼル車 …………………… 42
Technical improvement………… 7
Technical transfer……………… 7
デジタルX線画像診断システム … 34
デジタルカメラ ………27, 28, 32
デジタル・モーター ………24, 25
テスラ・モーターズ社………… 43
デフレーション ………………… 67
電気自動車(EV車) …………42, 44
電子工学 ………………………… 36
投資効率………………………… 106
桃李不言,下自成蹊…………… 157
ドキュメント・ソリューション … 34
独自の技術 ……………………… 13
独創性……………………… 87, 88
独創力(個人の) ………………… 83
特許申請 ………………………… 78
特許調査 ………………………… 70
トヨタ自動車 …………………… 43
トラブル ………………………… 102
取引形態 ………………………125
トンネル効果 …………62, 79, 163

【な】

内部摩擦…………5, 113, 114, 155
ナノテクノロジー …………29, 30
二次資料 ………………………… 74
日産 ……………………………… 43
燃料電池車(FCV, Fuel Cell Vehicle)
…………………………… 43
能動的に蓄積 …………………… 48

【は】

敗者復活………………………… 123
Hibrid Car ……………………… 43
ハイブリッド車(Hibrid Car) …… 43
パナソクニック株式会社………… 103
羽根のない扇風機 ……………… 23
パラドックス(逆説)……………… 9
パワーハラスメント ………135, 145
絆創膏 …………………………… 80
ハンド・ドライヤー …………… 26
販売価格 ………………………… 96
販売不振 ………………………… 27
販売部門 ………………………… 5
pm2.5 …………………………… 42
BYD 社 ………………………… 43
光ディスク用レンズ …………… 30
ビタミン剤 ……………………… 89
表札作り ………………………… 86
ひらめき ………………………… 82
品質保証部 ……………………… 53
フィルムカメラ ……………27, 28
フォルクスワーゲン社 ………… 43
副産物 …………………………… 85
富士重工業 ……………………… 43
富士フイルム株式会社………27, 28
負の循環 ………………………… 69
ブラック企業…………………… 145
ブレーンストーミング ………… 82
雰囲気 …………………………… 84
文書管理 ………………………… 35
平均勤続年数……………146, 148
ベストの回答 …………………… 53
ベストの対策 …………………… 161
ボールベアリング ……………… 36
ボランティア…………………… 154
ボルボ社…………………………43

ホワイト企業	149
本業比率	104
ホンダ	43

【ま】

マーケット志向	40
松下電器産業株式会社	103
マツダ	43
守りの姿勢	122
守りの戦略	53
三菱自動車	43
無料奉仕(ボランティア)	154
メカトロニクス	36
メカニクス(機械工学)	36
メディカルシステム(事業)	29, 30, 34
モチベーション(Motivartion)	89, 126, 141, 154
MOTOMAN	36
問題(点)	49, 118, 161
問題および評価の一覧表	165
問題提起	70, 72
問題(点)の存在	119, 162
問題点の発生	47

【や】

USBメモリ	151
優等生	87
誘導電動機	35, 36
夢を提示	156
良い会社	135, 140, 149
良い商品	92, 99

【ら】

ライフサイエンス事業	34
ラベリング	85
利益	15
利益共同体	136
リコール	52
離職率	146, 148
リスクに挑戦	122
リハビリ支援装置	41
量から質へ	17
レベリング	84
レベルアップ	157
ロボットの受付員	41

【わ】

悪い会社	169

西田　新一（にしだ・しんいち）

1970 年	九州大学大学院工学研究科機械工学専攻 博士課程修了
同　　年	新日本製鐵㈱（現 新日鐵住金㈱）入社
1976 年	工学博士
1991 年	佐賀大学理工学部生産機械工学科教授
2007 年	佐賀大学名誉教授
同　　年	機械安全設計研究所設立

2017 年 3 月，佐賀大学シンクロトロン光研究センター特命研究員，現在に至る．

産業界を生き抜くための技術力

2018 年 11 月 15 日　初版第 1 刷発行

著　　者　　西田　新一

発 行 者　　島田　保江

発 行 所　　株式会社 アグネ技術センター
　　　　　　〒 107-0062　東京都港区南青山 5-1-25
　　　　　　電話 (03) 3409-5329 ／ FAX (03) 3409-8237
　　　　　　振替　00180-8-41975
　　　　　　URL https://www.agne.co.jp/books/

印刷・製本　　株式会社 平河工業社

落丁本・乱丁本はお取替えいたします．
定価は本体カバーに表示してあります．

Printed in Japan, 2018　©NISHIDA Shin-ichi
ISBN 978-4-901496-94-0 C0050